biodiversidade e renovação da vida

em questão

Henrique Lins de Barros
Pesquisador titular do Centro Brasileiro de Pesquisas Físicas (CBPF)

biodiversidade e renovação da vida

Copyright © 2011 by Henrique Lins de Barros

Grafia atualizada segundo o Acordo Ortográfico da Língua Portuguesa de 1990, que entrou em vigor no Brasil em 2009.

CAPA E PROJETO GRÁFICO
Mariana Newlands

PREPARAÇÃO
Lúcia Leal Ferreira

REVISÃO
Huendel Viana
Luciane Helena Gomide

Dados Internacionais de Catalogação na Publicação (CIP)
(Câmara Brasileira do Livro, SP, Brasil)

Barros, Henrique Lins de
Biodiversidade e renovação da vida / Henrique Lins de Barros — São Paulo : Claro Enigma ; Rio de Janeiro : Editora Fiocruz, 2011.

ISBN 978-85-61041-81-6 (Claro Enigma)

1. Biodiversidade 2. Ciências 3. Conservação da natureza 4. Conservação dos recursos naturais 5. Ecologia humana 6. Ecossistemas 7. Evolução (Biologia) 8. Meio ambiente 9. Proteção ambiental I. Título.

11-09682   CDD-577

Índices para catálogo sistemático:
1. Biodiversidade : Preservação : Ciências da vida 577
2. Preservação da biodiversidade : Ciências da vida 577

[2011]
Todos os direitos desta edição reservados à
EDITORA CLARO ENIGMA
Rua São Lázaro, 233
011030-020 – São Paulo – SP
Telefone: (11) 3707-3531
www.companhiadasletras.com.br
www.blogdacompanhia.com.br

Biodiversidade: conjunto de todas as espécies de seres vivos existentes na biosfera; conjunto de todas as espécies de seres vivos existentes em determinada região, ou época.
Dicionário Houaiss da língua portuguesa, 2009

sumário

INTRODUÇÃO, *9*

1. Biodiversidade e diversidade cultural: eis a questão, *16*
2. Espanto, fascínio e horror, *27*
3. Conhecer para dominar, *34*
4. A evolução por seleção natural, *46*
5. A idade da Terra, *57*
6. A vida e a Terra, *63*
7. Destruição e renovação, *71*
8. O homem na natureza, *76*

AGRADECIMENTOS, *85*

REFERÊNCIAS BIBLIOGRÁFICAS, *87*

SUGESTÕES DE ATIVIDADES, *90*

SUGESTÕES DE LEITURA, *93*

introdução

Não foi aos poucos que cheguei ao mundo microscópico das bactérias. Eu tinha terminado o meu doutorado em física, no qual trabalhara com cálculos atômicos e moleculares, no início da década de 1980, quando tomei conhecimento da existência de certas bactérias magnéticas que habitam a região de sedimento em lagos ou lagoas e que têm um importante papel no equilíbrio ecológico. Esses microrganismos são verdadeiras bússolas microscópicas e produzem cristais magnéticos, diminutos ímãs de uma qualidade que não se consegue obter em laboratório. Sem muito acreditar, eu e alguns colegas fomos coletar amostras para buscar a prova e eliminar a dúvida. E a prova veio de supetão: na lâmina do microscópio apareceram os pequenos seres nadando e obedecendo ao campo de um ímã. A partir desse momento fiquei como que preso a essa descoberta, e desde então a curiosidade só tem aumentado. Após cada avanço que julgamos obter surge um desafio maior. O mundo é muito complexo e aí está o ponto: como entender essa complexidade? Mas, além de muito cheio de imbricações, o mundo é lindamente rico em variedades. E o universo da vida é de uma diversidade absurda. Não são diferentes apenas as formas de vida, mas também as maneiras de conciliar a vida com as incertezas do mundo exterior. Perscrutar, introjetar as dúvidas, se debruçar sobre fenômenos... Ficar frustradamente revoltado, teimar contras as evidências e fincar o pé... Esse é o cotidiano, é a vida num instituto de pesquisa. A angustiante vontade de encontrar uma explicação para as coisas do mundo norteia a pesquisa.

Na minha janela da sala de trabalho há uns tantos aquários cheios de águas coletadas em lagoas costeiras do Rio de Janeiro. Ali vemos como a vida se adapta a condições extremas e como as populações de microrganismos vão se alterando. Algumas vezes surge um pequeno copépode, camarãozinho de não mais que poucos milímetros de comprimento, que passa a ser nossa mascote por algumas semanas. Outros aquários que antes pareciam simplesmente depósitos de água suja vão, aos poucos, ficando mais limpos, e delgadas folhas verdes crescem. É um espetáculo em tempo real que mostra como a vida vai se adequando às condições do seu ambiente. Mas algumas vezes, quando enchemos os aquários com amostras recém-colhidas, ficamos tristes: a poluição causada pelos centros balneários é tamanha que a água está perdidamente podre.

Estima-se que na longa história da Terra mais de 99% das diferentes formas de vida que já existiram no planeta desapareceram, e que hoje é da ordem dos milhões o número de espécies que habitam os diferentes ecossistemas. Alguns, mais pessimistas, falam em 3 milhões de espécies vivendo atualmente no planeta; outros, mais otimistas, acham que deve haver mais de 100 milhões. As espécies conhecidas não chegam a 2 milhões, entre plantas e animais. Algumas foram somente classificadas. Destas, as espécies de plantas terrestres que produzem flores, frutos e sementes — as angiospermas — totalizam cerca de 250 mil. Esse grande número de espécies é que permite uma prodigiosa capacidade de adaptação da vida em diferentes ambientes, mesmo quando o habitat muda drasticamente.

A ideia de biodiversidade surgiu na década de 1980 e ganhou força na reunião da ONU realizada no Rio de Janeiro em 1992, a ECO 92. Nesse encontro, o termo "biodiversidade" passou a integrar documentos oficiais e logo se tornou um jargão de fácil uso nos discursos políticos e na imprensa, embora não se tenha uma definição sólida do que ele realmente significa. Para alguns, biodiversidade representa a diversidade das espécies vivas e as diferentes estratégias de adaptação em um habitat. Para outros, ela está relacionada com o número de espécies encontradas no planeta. Outros, ainda, consideram a diversidade de genes que estão presentes num ambiente. Independentemente da definição escolhida, porém, a biodiversidade tem sido vista como uma fonte de recursos de valor inestimável, o que aponta para uma nova questão: como avaliar a biodiversidade?

O que tem chamado a atenção para a riqueza da biodiversidade foi o alerta feito por cientistas de várias áreas de que a maior riqueza da humanidade no século que se inicia é a espantosa diversidade de formas vivas que garantem, através de suas relações complexas, a manutenção da vida no planeta. Não se trata, portanto, de uma riqueza medida por indicadores econômicos. Estes podem ter importância no mundo das finanças, mas em nada contribuem para a viabilidade da vida humana na Terra. Esse é outro ponto que deve ser enfatizado: não se trata de manter a vida, mas de permitir que o *Homo sapiens* seja capaz de sobreviver ao impacto que ele está produzindo no planeta, pois a manutenção da biodiversidade está relacionada com o equilíbrio do meio ambiente, e este tem sentido de forma dramática a ação do homem.

No século XVIII, com a utilização de grandes máquinas movidas a carvão, a Europa passou por uma transformação enorme. A Revolução Industrial, que teve início na Inglaterra em meados daquele século e logo se espalhou por todo o continente europeu, alterou a relação do homem com o seu ambiente. Essa relação é complexa, pois não é de imediato que se aceita o fato de o homem ser, ele mesmo, parte da natureza e do ambiente em que vive, de ter responsabilidade por suas transformações e de necessitar se adaptar a essas mudanças. Esse estranhamento está presente nos vários relatos de desbravadores e naturalistas que tiveram a oportunidade de encontrar um novo mundo. A nudez humana, feminina ou masculina, por exemplo, causou estranheza e perplexidade tanto nos europeus do século XVI quanto nos ingleses vitorianos do século XIX, e todas as tentativas realizadas para cobrir as "vergonhas" dos nativos ameríndios só contribuíram para se chegar à conclusão de que aquelas pessoas eram "selvagens" ainda distantes de se tornarem "civilizados". Para os conquistadores, essa diferença tornava mais clara a distância entre eles, portadores de um conhecimento que julgavam esmerado e elaborado, e a natureza, selvagem, sem regras e sem leis, representada pelos nativos.

Essa visão não permitiu que o europeu dialogasse com culturas que possuíam outros valores e conhecimentos desenvolvidos no decorrer de uma prática milenar. Sendo considerados parte do mundo natural, os nativos nada tinham a dar, exceto suas riquezas materiais. Selvagens aos olhos dos conquistadores, eram um grande e espantoso exemplo de como se podia viver sem fé em um único deus e, muitas vezes, em estreito contato com a natureza.

Assim como não souberam se aproximar de outras culturas, os europeus também não conseguiram aprender com elas outra relação com o mundo natural. Quando o fizeram, foi de modo ingênuo e, assim, continuaram sem ver a diversidade. O mesmo ocorreu com a riqueza que estava estampada na complexa diversidade da vida. A tendência foi apropriar-se dela, e não aceitá-la e respeitá-la. Predominaram a ganância e a exploração visando o lucro imediato.

Hoje vive-se novamente o espanto diante de tamanha variedade de formas vivas, o fascínio diante da beleza que a vida proporciona nas suas mais diversas manifestações — e também o horror diante do risco de se colocar em perigo essa biodiversidade e a própria existência da vida humana.

Neste livro, tentei expor as minhas angústias diante do fato de que, embora os discursos de políticos ou empresários sempre falem da preocupação em preservar a diversidade biológica, as ações feitas, quando efetivamente realizadas, não vão mudar o destino de uma crise anunciada que já é sentida. Minha perplexidade é aguçada quando me vejo não como cientista, mas como cidadão, obrigado a alterar hábitos na tentativa de corrigir um erro centenário de políticas que têm na ganância a sua matriz. Aí me lembro dos relatos daqueles europeus que aqui chegaram e foram incapazes de olhar o Novo Mundo, pois queriam simplesmente dominá-lo e dele dispor.

Para entender como a preservação da biodiversidade assume um papel de destaque na sociedade globalizada, é importante abordar a história da descoberta e da conquista das novas terras que expandiram os domínios europeus. Ao mesmo tempo, é interessante observar como aos poucos foi surgindo a consciência de que a adoção de tecnologias por grande parte da população introduziu uma devastação do meio ambiente que põe em dúvida o modelo de uso da natureza adotado nos últimos trezentos anos.

No primeiro capítulo abordo este último ponto: a perda da riqueza biológica, que compromete o futuro da humanidade. No segundo, faço um voo no tempo e analiso como se deu a descoberta de um novo mundo pelos primeiros europeus que chegaram às Américas. Novo não só pela diversidade da natureza, mas também pela presença de outras culturas, que mantinham uma relação diferente com o mundo natural. Esse momento, que anuncia o fim da Idade Média, no alvorecer do século XVI, muda por completo a visão que os europeus tinham do mundo natural. Nos capítulos 3 e 4, trato do surgimento de uma nova ciência biológica com a introdução de uma nomenclatura universal para descrever os seres vivos (Lineu), e das ideias de que o mundo dos viventes transformou-se ao longo do tempo (Cuvier, Erasmus Darwin, Lamarck, Charles Darwin, Wallace...). No capítulo 5 trato do caminho que levou a uma nova interpretação da idade da Terra: em pouco mais de dois séculos o planeta "envelheceu" alguns bilhões de anos, o que fez com que se percebesse que a história das transformações dos seres vivos ocorre em intervalos de tempo muito longos. Nesse aspecto, como em outros, os trabalhos em geologia desempenharam um papel importante para descrever os vários momentos da Terra, com períodos de grandes extinções e profundas alterações no cenário em que a vida se desenvolveu (assunto tratado no capítulo 6). No capítulo 7, salto 65 milhões de anos para mostrar que fenômenos catastróficos não são coisa de um passado distante: eles continuam a ocorrer. No capítulo 8, retorno à atualidade, em que a preocupação com a preservação da biodiversidade aponta para uma mudança de hábitos e políticas, uma vez que o quadro do momento mostra que a ação humana, a ação antrópica, está sendo responsável por uma perda de recursos naturais sem possibilidade de reparos. Todo o tempo, porém, tento mostrar que a biodiversidade está intimamente relacionada com a questão ambiental, com a diversidade cultural e com a aceitação do outro, a alteridade.

1. biodiversidade e diversidade cultural: eis a questão

O tema da biodiversidade, ou melhor, a ideia da preservação da diversidade biológica, apareceu nos noticiários e nos discursos políticos nos anos 1980 como uma questão a ser discutida por toda a sociedade, e desde então tornou-se presente em conversas dos mais variados círculos sociais, alterando práticas individuais e criando um clima de policiamento das ações diárias consideradas inadequadas para o mundo futuro. Muitas vezes essa preocupação em preservar o chamado meio ambiente levou a uma conduta individual pouco tolerante, ingênua e até mesmo piegas.

Vale a pena refletir sobre esse comportamento, que passou a dominar grande parte da sociedade a partir dos últimos anos do século XX. Um ponto chama a atenção: só se pensa em preservar quando se tem receio de perder. No entanto, em vez de simplesmente preservar, é mais importante procurar entender o mundo natural sabendo-se integrante dele. Somos atores importantes, sem dúvida, um dos atores que produzem as mudanças mais significativas. Existe aí uma responsabilidade que não pode ser ignorada. Carlos Drummond de Andrade, o poeta sensível, em seu livro *Fala, amendoeira*, chama a atenção para um aspecto pouco lembrado: "Esse ofício de rabiscar sobre coisas do tempo exige que prestemos atenção à natureza — essa natureza que não presta atenção em nós". Como o entomologista e biólogo americano Edward O. Wilson frisou: "Os organismos maiores da Terra, que compõem as superestruturas visíveis das pirâmides de energia e de biomassa, devem a sua existência à diversidade biológica". Wilson tem papel importante na discussão sobre a biodiversidade, pois foi ele quem primeiro difundiu o termo nas discussões sobre a vida na Terra. Ele, que se dedica ao estudo de formigas, presenciou a impressionante força da natureza nas tempestades amazônicas e viu como a vida se renova após eventos devastadores. A presença de seres vivos em ambientes aparentemente impróprios — por exemplo, nas profundezas oceânicas de mais de três quilômetros, aonde a luz solar não chega e a pressão é extrema; ou nas crateras de vulcões com temperaturas assustadoras; ou, ainda, em regiões com alta radiação — mostrou que a riqueza do mundo vivo é muito superior ao que se pode imaginar. Mas essa biodiversidade está se perdendo.

O filósofo francês Michel Serres lembra-nos:

Estamos diante de um problema causado por uma civilização que já está aí há mais de um século [...]. Mas propomos apenas respostas e soluções de curto prazo, porque vivemos em prazos imediatos [...], a ciência é o único projeto de futuro que nos resta [...]. Podemos certamente tornar mais lentos os processos já lançados, legislar para consumir menos combustíveis fósseis, replantar em nossas florestas devastadas [...] todas iniciativas excelentes, mas que, no total, levam à imagem do navio correndo a 25 nós em direção a uma barreira rochosa onde infalivelmente ele baterá e sobre cuja ponte o oficial superior recomenda à máquina reduzir um décimo da velocidade sem mudar de direção.

O grande desafio da ciência está em conseguir atuar numa estratégia de preservação da espécie sem tentar controlar o caminho da evolução baseando-se em valores presentes. E esse caminho não está diretamente ligado ao desenvolvimento de tecnologias, mas sim a uma questão ética. Teremos, cedo ou tarde, de ter coragem de nos perguntar se determinados avanços devem ou podem ser realizados sem que haja o comprometimento da vida de futuras gerações. A ciência de hoje é só uma leitura — ambiciosa e muitas vezes vitoriosa em seus objetivos — da natureza, mas está distante de ser uma verdade última.

Costumamos não perceber a diversidade de formas de vida que fazem parte de nossa experiência cotidiana. Olhamos o mundo com certa naturalidade, como se ele sempre tivesse sido como o encontramos. Passeamos no universo que nos circunda, mas basta um olhar mais atento e cuidadoso para observarmos a grande variedade de organismos que fazem parte da paisagem. O que podemos apreciar, porém, é infinitamente diminuto quando comparado com o que existe no mundo dos microrganismos que nossos olhos desguarnecidos não são capazes de enxergar: bactérias, protozoários, algas, fungos unicelulares...

A vida na Terra tem uma longa história, e a maior parte dela foi dominada exclusivamente por seres microscópicos que habitavam as águas e gradualmente tomaram conta das áreas secas do planeta. Durante os poucos mais de 4 bilhões de anos de sua existência, a Terra passou por transformações contínuas.

Grandes extinções ocorreram em épocas distantes, todas causadas por mudanças naturais que, de uma forma ou de outra, tiveram como consequência alterações climáticas globais. E a vida sentiu essas mudanças e teve que se adaptar ao novo cenário. Muitas espécies não foram capazes de sobreviver, enquanto outras conseguiram ultrapassar os momentos difíceis. Essa capacidade de a vida se manter deveu-se à diversidade do mundo vivo: em outras palavras, à biodiversidade.

O que preocupa hoje é o fato de se anunciarem extinções em massa causadas pela ação do homem, em particular pela demanda crescente de energia. Esse quadro, iniciado há menos de trezentos anos, só tem se agravado.

Realmente, o uso de combustíveis fósseis, como o carvão e os derivados de petróleo, de biocombustíveis, ou mesmo de energia elétrica e nuclear, tem permitido um significativo aumento da produção de bens e uma melhora na agricultura, na medicina e em várias outras atividades humanas. Uma parcela da população mundial vive num conforto jamais imaginado em gerações passadas. Mas vários milhões de pessoas estão sendo deixados num grau de miséria sem nenhuma perspectiva de mudança. Foram simplesmente esquecidas, pois não fazem parte da parcela capaz de consumir os bens produzidos. Se esses seres humanos passassem a consumir do mesmo modo que a pequena parcela rica do mundo, o planeta esgotaria rapidamente suas reservas, o que levaria a um colapso sem precedentes na história da humanidade: fome, falta de água potável, ar degradado e extinção de um grande número de espécies. A Terra se tornaria um ambiente impróprio para o *Homo sapiens*.

Vive-se em permanente estranhamento. Quando economias entram em derrocada, os cidadãos são instruídos a aumentar o consumo de bens manufaturados — modelos novos de automóveis, eletrodomésticos ou eletroeletrônicos e itens de indumentária — e, ao mesmo tempo, economizar energia e reduzir a produção de lixo, duas ações conflitantes. Pode-se perguntar então: para que consumir se não se pode usar?

Muito se tem falado na importância do desenvolvimento de novas tecnologias mais capazes de poupar o meio ambiente, mas, em nenhum momento, lembra-se que o impacto da adoção de uma novidade no arsenal tecnológico introduz mudanças que só serão sentidas após algum tempo.

Um exemplo elucidativo da estreita relação entre desenvolvimento técnico, manutenção do crescimento e conhecimento pode ser visto na história de Ur III, uma das primeiras cidades de que se tem notícia. Localizada na Suméria, Ur III surgiu a partir de pequenos assentamentos até atingir uma população estimada em 30 mil habitantes por volta de 2400 a.c. Para alimentar esse contingente humano, foi necessário conseguir um gradual aumento da produção de leguminosas, trigo e cevada.

A próspera Ur III, entretanto, começou a apresentar os primeiros sinais de declínio por volta de 2000 a.C. e, setecentos anos depois, a cidade estava desaparecendo. Estudos geológicos mostram que não houve qualquer mudança climática significativa naquele período. Por outro lado, esses trabalhos indicam que o problema que levou ao declínio da cidade foi a gradual salinização do solo. De fato, para aumentar a produção de alimentos criou-se um complexo e eficiente sistema de irrigação que fez com que o nível do lençol freático subisse de cerca de dois metros de profundidade para somente cinquenta centímetros. Assim, no decorrer de algumas centenas de anos houve uma alteração nas práticas de plantio: de cereais mais sensíveis ao sal passou-se a plantar vegetais menos sensíveis, até o esgotamento total da terra. Portanto, o conhecimento técnico que tinha levado ao aumento de produção no passado também levou à falência do solo e decretou o fim de Ur III.

Esse é um exemplo de como a exploração e o uso dos recursos naturais que em certo momento parecem adequados podem levar a uma catástrofe de proporções não imaginadas. A região onde Ur III se localizava, o Crescente Fértil, é hoje um deserto que engloba parte do Oriente Médio. Como, então, conciliar desenvolvimento com preservação?

A fumaça das fábricas era um sinal de progresso no século XIX. Mas os gases lançados na atmosfera e os detritos da produção jogados nas águas de rios e oceanos têm contaminado a Terra, comprometendo o habitat de diversas espécies e criando um ambiente inadequado também à vida humana. O que se pensou ser uma evolução está agora cobrando um alto preço. O impacto na natureza está atingindo um grau alarmante, e as crises anunciadas são graves: aquecimento global, esgotamento da água potável, ar irrespirável, carência de alimentos.

O desafio que se apresenta está justamente relacionado à dicotomia entre preservar e crescer: trata-se de conseguir compatibilizar a crescente demanda mundial por matérias-primas, alimentos e energia com a conservação da biodiversidade. O Brasil abriga mais de 13% de todas as espécies conhecidas, além de 40% das florestas tropicais, que desempenham, entre outras funções, um importante papel na regulação do clima do planeta.

A União Internacional para a Conservação da Natureza estima que, no mundo, por volta de 11% das espécies de aves, 25% dos mamíferos, 25% dos anfíbios, 20% dos répteis, 34% dos peixes e 12% das plantas estão ameaçadas de desaparecer para sempre nos próximos cem anos. As estimativas revelam também que a quantidade de espécies brasileiras em vias de extinção é alarmante, embora o Brasil seja uma das lideranças mundiais nas políticas de preservação, com programas que podem contribuir para que se estabeleça um novo modelo de desenvolvimento. Ainda assim, um total de 627 espécies de animais e 472 de plantas correm o risco de não mais constar do mapa de biodiversidade — e esses números podem ser muito maiores. Dessas espécies, cerca de 160 são peixes, setenta são mamíferos, vinte são répteis, 130 são invertebrados terrestres, 160 são aves. As espécies ameaçadas não estão uniformemente distribuídas no território nacional. O que restou atualmente dos diversos ambientes nativos é bastante sugestivo: a maior perda se deu na mata Atlântica, da qual resta apenas 27%; da Caatinga, restaram 63%; dos Pampas, 41%; do Cerrado, 60%; da Amazônia, 85%; e do Pantanal, 87%.

O que se tem procurado atingir é o uso racional e o manejo apropriado de espécies. O que se deseja é descobrir como lidar com a natureza, que responde às ações do homem num tempo muito mais longo que o esperado. Mudanças produzidas no presente só terão resposta num futuro distante. De acordo com todas as previsões, desde as mais alarmistas até as mais conservadoras, já ingressamos num quadro crítico sem termos encontrado uma solução.

Vive-se um impasse entre uma visão imediatista — em que se olha o que se pode tirar da natureza em benefício de uns poucos — e uma perspectiva de longo prazo — cujo horizonte está além de nossa imaginação e que exige outro modelo de desenvolvimento, outro conceito do que é o desenvolvimento. Mais de metade dos investimentos globais beneficia somente cerca de vinte países, o que corresponde a menos de 15% da população mundial. Cinquenta por cento dos países mais pobres recebem 0,5% do produto global. Noventa por cento da riqueza global estão nas mãos de cerca de 1% dos habitantes. O consumo diário de água por habitante, elemento essencial para a manutenção da vida, reflete bem esse desequilíbrio: nos Estados Unidos o consumo é de 570 litros; na França é estimado em pouco menos de trezentos litros; no Brasil, é da ordem de 180 litros; na China, de somente cerca de oitenta litros.

Esses números, contudo, só expressam o uso direto da água, e não a quantidade de água necessária para a produção de bens utilizados pelo cidadão. Essa outra "água" é chamada de água virtual e, se levada em conta, os números são assustadores. Para se produzir um quilo de arroz, gasta-se cerca de 2400 litros de água, para se obter um quilo de trigo, cerca de 1300 litros. A produção de bens industrializados, porém, é de outra ordem. Um quilo de alumínio necessita de 100 mil litros de água, um automóvel, 400 mil, os componentes de um computador atingem a cifra de cerca de 1500 litros, e uma simples camiseta de algodão gasta algo da ordem de cem litros de água.

O grande desafio que o mundo vive hoje é o de descobrir como preservar a existência da diversidade, biológica e cultural, a fim de garantir um futuro saudável não só para os humanos. Para que isso ocorra, é indispensável conhecer mais e mais o sutil caminho da natureza, pois ela possui uma história, mas não um roteiro. Sem dúvida, é necessário que se entenda que tanto a diversidade biológica como a cultural são bens inestimáveis, não passíveis de ser mensurados por indicadores financeiros, e incompatíveis com visões econômicas estreitas que reduzem tudo a índices econômicos, uma vez que a destruição da diversidade em nome do progresso, como é visto, hoje pode trazer lucro imediato, mas já está cobrando um preço elevado.

No mundo todo, estima-se que, por ano, entre 20 mil e 150 mil espécies desaparecem, e tudo indica que boa parte delas se extingue por causa das ações humanas. Dos cerca de duzentos países do mundo, dezessete detêm mais de 70% da biodiversidade e são considerados regiões de megadiversidade: Brasil, Bolívia, Colômbia, Congo, Costa Rica, Equador, Estados Unidos, Filipinas, Índia, Indonésia, Quênia, Madagascar, Malásia, México, Peru, África do Sul e China. Nesses países a população corresponde a cerca de metade da população mundial. Assim, além da biodiversidade, não se pode deixar de lado a diversidade cultural, uma das grandes riquezas da humanidade e motor das futuras mudanças que possibilitarão outro diálogo com o mundo natural.

É a diversidade cultural que permite o surgimento de novas expressões artísticas e de diferentes maneiras de se relacionar com a vida em seu sentido mais amplo. É ela que permite apreciar e aceitar o estranho, o diferente, com seus conhecimentos e suas virtudes, bem como com seus defeitos e fraquezas. Essa aceitação do outro pode apaziguar conflitos cuja origem são as tradições e os elementos de identidade de um grupo.

No fim da Idade Média a descoberta de um mundo desconhecido dos europeus levantou questões fundamentais. Diante de toda a riqueza cultural que assim se desvendava, a reação dos conquistadores foi dominar e subjugar os milhões de habitantes do Novo Mundo. A conquista não foi um ato de aproximação, mas de repúdio a tudo que não pôde ser entendido pelos conquistadores.

A conquista da América levou à exploração da Terra por meio das práticas conhecidas na Europa medieval. A devastação ambiental, que deixara os países europeus à beira da falência de recursos naturais, foi transposta para o outro lado do Atlântico, repetindo-se os mesmos erros. Não houve, tampouco, sensibilidade para se aprender com as culturas recém-descobertas. Diante do outro, diante de cidades tão grandes quanto as europeias da época, diante de vários milhões de seres humanos, os quais não se imaginava existir, diante de culturas com valores diversos, sem nenhuma influência da tradição cristã que dominava a Europa, o conquistador espantou-se. Espantou-se, e logo ficou fascinado. Mas, ato contínuo, entrou no desespero do horror e, sem diálogo, sem meios para compreender a nova realidade que se apresentava, dominou e exterminou tudo que não se adequava às suas pretensões.

Aí começa a nossa história: biodiversidade e diversidade cultural, eis a questão.

2. espanto, fascínio e horror

Um aspecto que surge com insistência nos relatos dos primeiros conquistadores europeus que chegaram às Américas em meados do século XVI é o espanto diante de um mundo que não se julgava existir. Esse espanto não estava relacionado apenas à presença de seres humanos, o que, por si só, já era inconcebível para aqueles homens crescidos e educados nos dogmas de uma religião rígida. Um mundo desconhecido se descortinou diante de seus olhos e os obrigou a mudar a mente, ou, pelo menos, a tentar conciliar suas crenças com uma realidade totalmente nova. Animais jamais vistos, de comportamento estranho, plantas novas, que forneciam uma rica base alimentar, e para as quais não encontravam analogias capazes de descrevê-las, surgiam diante de seus olhos numa profusão desconcertante e que contribuía para tal espanto.

O calvinista Jean de Léry (1534-1611) foi um desses europeus que atravessaram o oceano Atlântico em busca de fortuna e aventura e pela necessidade de propagar a sua fé. Com apenas 22 anos, decidiu integrar uma expedição comandada por Nicolas de Villegagnon (1510-71), cujo objetivo era estabelecer uma colônia francesa no Rio de Janeiro, a França Antártica. Em pouco tempo, porém, as relações inicialmente amistosas entre católicos e protestantes membros da viagem degeneraram, e Villegagnon expulsou os calvinistas, deixando-os com os tupinambás. Depois de retornar à Europa, Léry escreveu, em 1578, o livro *História de uma viagem à terra do Brasil*, no qual expressa seu espanto diante da presença de seres humanos no Brasil. Suas dúvidas são de caráter teológico: como esses humanos sobreviveram ao Dilúvio? Para o viajante, eles só poderiam ser descendentes de Cã, o filho que Noé amaldiçoou.

Apesar de concluir que os habitantes das terras novas são descendentes de uma linhagem amaldiçoada, Léry ficou surpreso e bem impressionado com o que viu. Tendo passado quase um ano entre os tupinambás, ele pôde participar do cotidiano das aldeias. E espantou-se. Quase não viu deficientes físicos ou doentes, e frisou: "Apesar de chegarem com frequência até a idade de cento e vinte anos (contam a idade muito bem pelas lunações), poucos são os que na velhice apresentam cabelos brancos ou grisalhos". Para Léry esse fato estava associado aos hábitos e aos ares de uma terra que não tem os rigores do clima e a água lodosa e pestilenta da Europa.

Seu espanto não é diferente daquele sentido por outros europeus que estiveram nas Américas no século XVI. Mesmo não encontrando resposta para o que estavam vendo, eles tiveram a preocupação de retratar a nova realidade com os parâmetros que possuíam. O francês André Thevet (1502-90), por exemplo, teve dificuldade em descrever a preguiça, animal que viu em sua breve estada no Brasil. Ele nos conta que, numa árvore muito alta, se encontra um animal "tão disforme e quase inacreditável", do tamanho de um grande macaco, mas que não é um macaco, que mantém o ventre quase encostado ao chão mesmo estando de pé, com o rosto semelhante ao de uma criança e cuja carne tem sabor desagradável. Segundo Thevet, a preguiça não era comida pelos índios, pois quem comer de sua carne "mal conseguirá escapar das mãos de seus inimigos, já que [esse animal] é lento para caminhar". Além de outras peculiaridades, o *Haüt*, como ele o designa, é um caso raro de animal que "vive de vento". Os selvagens também desafiavam a capacidade de compreensão do cronista.

O espanto vivido por aqueles homens criados na fé cristã não se manifestou apenas diante dos indígenas brasileiros. Quando iniciaram a conquista do México, os espanhóis também viveram a mesma sensação ao deparar com uma realidade tão distinta da europeia. Não só os habitantes possuíam hábitos "estranhos" como o mundo natural estava repleto de novidades. O espanto transformou-se em fascínio diante da estrutura social extremamente desenvolvida e sem paralelo na Europa. Além disso, a riqueza de produtos naturais impressionou os europeus, não apenas pelo ouro ou pela prata, o que, por si só, seria suficiente para deixá-los fora de si. As grandes cidades, bem estruturadas e de uma riqueza enorme, despertaram a curiosidade de todos.

O estranhamento e o horror são igualmente descritos por todos os europeus que estiveram em solo americano no século XVI. Aos olhos dos que chegam, os ameríndios são dóceis, mas, ao mesmo tempo, guerreiros impiedosos, para os quais a morte parece ter outro significado. Os sacrifícios cerimoniais realizados com frequência nas Américas não podiam ser aceitos de forma natural por cristãos. Aí reside um ponto essencial que distingue as culturas envolvidas. O europeu se via como um indivíduo. Pensa em si próprio e estranha o outro. Os ameríndios se pensam como grupo, e o sacrifício de um indivíduo não tem o mesmo peso, uma vez que foi realizado em prol do grupo.

No Brasil, o canibalismo apavora. Se por um lado os índios são apreciados por seus conhecimentos, por outro são vistos como seres capazes de devorar seus semelhantes, o que caracteriza um comportamento bárbaro, incivilizado e inaceitável do ponto de vista cristão.

Quanto aos astecas ou aos incas, os conquistadores admitiam que eram criaturas civilizadas, pois a amplidão das cidades, a rede social complexa e os meios eficientes de comunicação provavam que eram capazes de realizar grandes construções e manter uma administração organizada. Por outro lado, a crença em vários deuses ligados diretamente a fenômenos naturais, como a adoração ao Sol, à Lua, à fertilidade, e as cerimônias sacrificiais não lhes davam a mesma condição dos europeus — elas os tornavam bárbaros.

A conquista da América deu aos europeus uma grande fortuna com o produto da pilhagem. Na costa do Pacífico e na América Central, o ouro e a prata; no Brasil, o pau-brasil e, posteriormente, os metais e as pedras preciosas. Com os peruanos aprenderam a desenvolver centenas de espécies de batata, alimento que logo entrou no cardápio europeu, nutrindo uma população faminta. O milho, produto que foi transformado pelos mexicanos tornando-se importante fonte alimentícia, também atravessou o Atlântico. O cacau, depois de um elaborado processo de beneficiamento, fornecia o chocolate, que os astecas tomavam misturado à pimenta e que não teve aceitação imediata na Europa. O abacaxi é descrito por Antonio Pigafetta (1491-1534), cronista da primeira viagem ao redor do mundo, comandada por Fernão de Magalhães e realizada entre 1519 e 1522, como uma espécie de pinha extremamente doce e de gosto "esquisito". A goiaba, original da América do Sul e Central, foi levada pelos conquistadores para outras regiões tropicais. O maracujá, originário do Brasil, cai no gosto do europeu. Um sem-número de especiarias e de plantas medicinais entrou no continente europeu. Novos animais foram descritos. Pigafetta, ao costear o sul da América do Sul, chegou a duas ilhas onde as naus se detiveram. Para quem nunca tinha visto um pinguim, a descrição que faz desse animal é bastante precisa:

> [...] encontramos povoadas somente por gansos e lobos-marinhos. Há tantos dos primeiros e são tão mansos, que em uma hora fizemos uma abundante provisão para a tripulação dos cinco navios. São pretos e parecem ter

o corpo coberto de minúsculas plumas, sem ter nas asas as plumas necessárias para voar. Com efeito, não voam e se alimentam de peixes. São tão graciosos que sentíamos pesar e não podíamos olhá-los quando tivemos que arrancar suas plumas. Seu bico parece um chifre.

Mas a exploração sem escrúpulos e sem respeito levou a uma destruição que não pode ser revertida. Perderam-se culturas que haviam criado uma compreensão do mundo diversa da dominante na Europa. Maias, incas, astecas e várias culturas ameríndias do Brasil foram simplesmente exterminadas, levando junto um conhecimento milenar que, entre outras coisas, permitiu o desenvolvimento de técnicas agrícolas, o aprimoramento de espécies como o milho e a batata, a domesticação de animais como a lhama e a alpaca, a criação de uma astronomia e de um calendário... Perdeu-se o saber de culturas que conseguiram manter um diálogo com a natureza, o que lhes permitia uma relação com o mundo natural diferente da europeia.

O que levou os espanhóis a derrotar os ameríndios não foram somente os cavalos — animal desconhecido nas Américas —, as armas de fogo — mais eficientes que as armas dos nativos — e a metalurgia do ferro — que também não era dominada no Novo Mundo. Não foi também o maior conhecimento da arte da guerra. Tampouco a contaminação dos indígenas por microrganismos ou vírus, que sem dúvida teve participação dramaticamente importante, dizimando milhões de pessoas. O que estava por trás, o motor do massacre, foi a mentalidade europeia de não aceitar o outro, de não saber conviver nem com a diversidade cultural nem com um mundo desconhecido.

A cultura do sacrifício, que tanto horrorizou os conquistadores, foi substituída pela cultura do extermínio do outro. O lucro imediato foi alto, mas o tempo mostrou que os ganhos foram ilusórios, pois as perdas são irreversíveis.

Passados cinco séculos, o grande desafio da sociedade é pensar uma nova relação com o meio ambiente; caso contrário, não parece impossível que estejamos ingressando em um período crítico de escassez de elementos vitais: água e ar. A questão ambiental, por sua vez, não deve levar o homem a fechar os olhos para a complexidade do mundo natural, em que a diversidade é a única forma de manter o equilíbrio. E isso leva à necessidade de conhecer o outro, de aceitá-lo e não cultivar sentimentos de superioridade.

Para os conquistadores, o grande problema parece ter sido o contato com seres humanos que possuíam uma estranha promiscuidade com a natureza: enquanto para os nativos o ouro era um metal sagrado e idolatrado, um objeto de adoração, para os europeus, representava fortuna, riqueza, e era objeto de cobiça. São duas visões que não poderiam conviver em paz...

3. conhecer para dominar

A enorme diversidade de formas de vida encontrada no Novo Mundo gerou nos europeus a dificuldade de compreender o que viam. Além disso, era impossível comparar as observações realizadas por diferentes pessoas. Cada um dos que chegavam às Américas escolhia uma imagem para relatar um mundo cheio de surpresas: não só os diferentes hábitos e tradições dos ameríndios, tão distantes dos padrões da Europa medieval, como também o rico ambiente e o clima, muitas vezes ameno, outras, hostil.

O que predomina nesse primeiro momento é o espanto diante do desconhecido. Jean de Léry descreve a *urá*, ave comestível semelhante a uma galinha, que os tupinambás chamavam de *arinhan*. Os indígenas estranhavam o fato de os europeus comerem os ovos dessa ave; achavam que eram impacientes e gulosos por comer a futura galinha inteira, que se encontrava em formação no interior do ovo. As araras fascinavam os europeus pela beleza, mas eles as consideravam impróprias para comer. Suas penas vermelhas e azul-celeste, quando expostas ao sol, proporcionavam um espetáculo à parte. A capacidade de imitação de certos papagaios também despertava a admiração dos europeus. E o tucano, naturalmente, surgia como uma das aves mais exóticas. Para Léry, ele é de uma beleza inegável, "o bico dos bicos"; já Thevet dirá que a ave é monstruosa e disforme.

Como padronizar esses relatos sem um sistema de classificação e uma nomenclatura universal? Para os europeus dos séculos XVI e XVII, golfinhos e baleias eram peixes, e as descrições da fauna ou da flora privilegiavam o caráter utilitário das espécies: uma carne é boa ou ruim de comer, um fruto é ou não saboroso, ou venenoso, uma ave possui ou não uma bonita plumagem.

A preocupação de padronizar o nome das coisas encontradas no mundo natural surgiu no século XVII, mas foi somente no século seguinte que um sistema de classificação foi proposto e passou a ser adotado. Até então não havia uma forma padronizada para se nomear um organismo, reinava o caos. O que se adotava eram certas similaridades, por exemplo, classificar os peixes-voadores junto com as aves, pois os dois voavam. Essa situação só se alterou depois de um extenso trabalho de classificação taxonômica realizado pelo botânico Carlos Lineu (1707-78).

Carl Linnaeus, ou Carl von Linné, ou simplesmente Lineu, nasceu na Suécia. Criado para ser clérigo como seu pai, não demonstrou vocação para seguir a carreira. Seu interesse pela botânica, porém, manifestou-se logo. Seguindo a orientação de um médico amigo da família, seu pai encaminhou-o para a Universidade de Lund e, posteriormente, para Upsala. Mais tarde, com o financiamento da Academia de Ciências de Upsala, Lineu fez uma expedição à Lapônia, no nordeste da Suécia. A Lapônia era uma região pouco conhecida, muito ao norte do globo, com um clima severo. Com longas noites invernais de vários meses alternando com o verão, quando o Sol não se põe, a flora lapônica era virtualmente desconhecida.

Lineu realizou importantes observações, coletou diversos espécimes e publicou seu trabalho *A flora lapponica*, em que usou um sistema sexual para entender a botânica. Mesmo antes da expedição, ele já estava convencido da importância do estame, o órgão masculino da flor, e do pistilo, o órgão feminino, no processo reprodutivo de plantas com flores. Mas ver sexualidade em plantas colocou-o numa posição delicada com a Igreja. Lineu acreditava que as espécies haviam sido criadas quando o Criador fez o mundo e que, desde então, não tinha havido qualquer mudança, exceto alterações devidas a acidentes naturais ou à intervenção divina. O mundo vivo era, assim, considerado estático, sem história. O trabalho do botânico sueco foi o de procurar ordenar a grande variedade de plantas e animais que observou em suas várias viagens. Para isso, ele idealizou uma nomenclatura apropriada para agrupar organismos, nomenclatura que é utilizada até hoje, embora tenha passado por alterações e aprimoramentos.

Lineu dividiu o mundo vivo em dois grandes reinos: o *Regnum Animalia* e o *Regnum Vegetabile*. Cada um desses reinos, por sua vez, foi subdividido em quatro categorias, em ordem decrescente: classe, ordem, gênero e espécie. De acordo com esse sistema, quando se deseja classificar um exemplar — também denominado indivíduo ou espécime —, primeiramente se determina seu reino, animal ou vegetal. Em seguida, e caminhando sempre no sentido de maior especificidade e precisão, determina-se sua classe, sua ordem, seu gênero e, finalmente, sua espécie. É nesse momento que ele ganha um nome, constituído de duas palavras em latim ou latinizadas. A primeira designa o gênero a que ele pertence; a segunda, sua espécie.

O Sistema de Nomenclatura Binomial, como é conhecido, é um dos pilares da biologia moderna e a base de toda a taxonomia. Sem ele, é impossível comparar diferentes indivíduos. Com ele, passa a ser possível fazer um censo das diferentes espécies encontradas em diferentes lugares e conhecidas localmente por seus nomes populares. Utilizando a nomenclatura moderna, derivada daquela proposta por Lineu, pode-se dizer que o tucano, por exemplo, ave natural da América Central e do Sul, é integrante do reino *Animalia*, pertence ao filo *Chordata*, à classe Aves, à ordem Piciformes e, finalmente, à família *Ramphatidae*. Como nem todos os tucanos são iguais, é possível classificá-los de acordo com seu gênero: há os *Aulacorhynchus*, os *Pteroglossus*, os *Ramphastos*, e assim por diante. Dentro de cada gênero são encontradas as diferentes espécies — como o *Ramphastos vitellinus* (tucano-de-bico-

-preto) ou o *Ramphastos toco* (tucano-toco). Assim, é possível distinguir animais que possuem um longo bico, se alimentam de certas frutas e insetos, habitam determinadas regiões, mas pertencem a espécies diferentes.

Lineu sabia da importância de sua proposta e tinha orgulho dela. No frontispício da edição de 1760 de seu livro principal, *Systema naturae*, aparece uma gravura sugestiva: no centro da página, no meio de uma paisagem com grande variedade de árvores, plantas e animais, o botânico sueco aponta com os dedos alguns exemplares. Acima da imagem, coroando a gravura, a inscrição em latim: *Deus creavit, Linnaeus disposuit* — "Deus criou, Lineu organizou". Em sua vida Lineu realizou várias viagens e identificou mais de 4 mil espécies de animais e quase 8 mil plantas. Atualmente, esse número aumentou graças ao trabalho de outros naturalistas: conhecem-se, hoje, mais de 350 mil plantas e mais de 1 milhão de animais, além de um sem-número de bactérias.

A criação de um vocabulário comum tornou possível que os naturalistas percebessem a grande diversidade de formas de vida. A preocupação com as perdas decorrentes de uma exploração irracional da natureza já estava presente no século XVIII. Florestas haviam sido destruídas e animais, caçados impiedosamente, e os efeitos de tal prática já eram sentidos pelo europeu no século XIII. A descoberta do Novo Mundo deu novo alento, mas não mudou a postura dos europeus. Já nos primeiros anos após a chegada dos colonizadores, o pau-brasil estava desaparecendo da costa brasileira, e a mata Atlântica já sentia os efeitos da devastação desordenada causada pela ganância dos exploradores, que, além disso, escravizavam os indígenas de forma cruel. Navios saíam carregados dessa madeira para que seu pigmento vermelho fosse usado no tingimento de tecidos e no fabrico de móveis. Em menos de cem anos as árvores de pau-brasil já escasseavam na mata Atlântica.

Outro caso conhecido é o do pássaro dodó (*Raphus cucullatus*), da ilha Maurícia, localizada na costa leste da África, no oceano Índico — que foi imortalizado por Lewis Carroll no livro *Alice no País das Maravilhas*. Nesse local não havia predadores naturais da ave. Assim, quando os portugueses chegaram à ilha, no início do século XVI, iniciou-se a matança dos dodós, pois eram uma fonte de alimento abundante e fáceis de serem capturados, por serem grandes, meio desajeitados e não voarem. A situação piorou quando os holandeses ali aportaram e também começaram a caçá-los para alimentação — e até como passatempo. Na década de 1690, o último dodó foi morto e a espécie se extinguiu. Mas ele desapareceu deixando uma herança: sua ausência naquele ambiente levou a um desequilíbrio, pois a ave tinha um papel na germinação das sementes de uma das árvores nativas, a árvore dodó (*Sideroxylon grandiflorum*). A quebra da cadeia quase fez com que a *S. grandiflorum* também se extinguisse. O caso dodó apontava para um fato de que os europeus não tinham consciência: um organismo pode desaparecer definitivamente de cena. Isso não parecia razoável: como uma obra do Criador podia ser simplesmente excluída pela ação do homem?

Para o europeu do século XVIII, a vida tinha sido engendrada na Terra no momento da Criação. Os momentos de perdas, como o Dilúvio, eram vistos como intervenções divinas para a punição do homem, e o mundo, desde sua criação, não tinha mais do que alguns milhares de anos. Em fins do século XVII o vice-chanceler da Universidade de Cambridge, John Lightfoot (1602-75), após realizar uma leitura cuidadosa da Velho Testamento e construir a cronologia do mundo, concluiu que Adão havia sido criado no dia 23 de outubro de 3929 a.C., provavelmente por volta das nove da manhã. Outros cálculos foram realizados por diversos pensadores e foram largamente difundidos na Europa.

Num mundo tão jovem é possível imaginar a permanência das diferentes formas de vida, todas criadas ao mesmo momento. Os registros fósseis, com suas marcas desafiadoras, eram interpretados como exemplos de caprichos da erosão, e não como traços de um passado remoto. Nesse cenário, o que existe sempre existiu, embora o que existiu possa não existir mais, pois seres viventes podem ter sido eliminados pela vontade divina.

Uma das grandes descobertas da ciência no fim do século XVIII e início do XIX foi a de que a Terra tinha sua origem em tempos muito anteriores aos que as Escrituras determinavam. A introdução de um tempo profundo foi gradual e recebida com dificuldade pela sociedade. Os trabalhos do paleontologista francês Georges Cuvier (1769-1832), baseados em comparações anatômicas, mostravam que havia existido um mundo anterior, povoado por espécies que não mais existiam. Por outro lado, Cuvier estudou a anatomia de gatos egípcios mumificados e verificou que ela não apresentava diferença em relação à de animais modernos. Diante desse fato, concluiu que a passagem de alguns séculos é insuficiente para produzir qualquer mudança no mundo vivo. Utilizando o sistema de Lineu, pôde classificar os fósseis e verificar seu grau de parentesco com espécies vivas. O resultado evidenciava que um grande número de organismos só ficara preservado por seus registros fósseis, o que levou Cuvier a concluir que houvera inúmeras extinções. O século XIX se inicia com a ideia de que a vida evoluíra desde seu surgimento na Terra. Ou seja, estava mais ou menos iminente a aceitação de que novas espécies haviam surgido desde então. Já em fins do século anterior a noção de que a vida tinha passado por processos de transformação desde seu início perturbava vários cientistas. Erasmus Darwin (1731-1802), avô de Charles Darwin, publicou em 1794 o livro *Zoonomia*, no qual defende a tese da evolução ou transmutação das espécies. Erasmus foi um médico de renome na sociedade inglesa e um dos fundadores da Sociedade Lunar, seleto grupo de intelectuais que se reuniam e discutiam problemas científicos e questões políticas. Ele dizia que "tudo parece ter sido gradualmente produzido durante muitas gerações pelo esforço perpétuo para suprir a necessidade de alimento", e observou que "alguns pássaros adquiriram bicos duros para quebrar nozes", outros adaptaram seus bicos para comer sementes duras, como os pardais, e outros, ainda, possuíam bicos apropriados para se alimentar de flores ou botões, como os tentilhões. Sua abordagem pré-evolucionista teve uma grande influência na época.

Jean-Baptiste-Pierre-Antoine de Monet, o Cavaleiro de Lamarck (1744-1829), naturalista francês, também se debruçou sobre as ideias de evolução das espécies e desenvolveu a teoria dos caracteres adquiridos, que se baseia em dois aspectos. O primeiro é que há uma tendência natural dos seres vivos a melhorar sempre, caminhando para a perfeição. O segundo é a lei do uso e desuso: os indivíduos perdem as características que não têm utilidade, e criam novas que lhes são úteis. Para Lamarck as espécies não poderiam ter surgido na Criação e se mantido inalteradas, pois o ambiente em que vivem passou por transformações, muitas delas geradas pela própria existência da espécie.

Lamarck acreditava na geração espontânea e defendia a tese de que os seres vivos passavam por transformações constantes. Para ele, vida poderia surgir espontaneamente a partir da matéria morta e aos poucos ir se aprimorando e aumentando seu grau de complexidade sem jamais parar de se desenvolver na direção da perfeição.

Lamarck foi talvez o primeiro naturalista evolucionista e sua influência foi marcante. Ele cunhou dois termos que passaram a integrar o vocabulário cotidiano: "biologia" e "invertebrado". Com a sua contribuição as transformações dos seres vivos passaram a ser vistas com outro olhar.

Mas a biologia não pode se desenvolver sem o conhecimento de outras áreas. Uma das contribuições que mais influenciaram veio da geologia. Até fins do século XVIII acreditava-se que as alterações no mundo geológico eram produto de ações violentas que transformavam o ambiente. Terremotos, vulcões e outras catástrofes seriam os responsáveis pelas mudanças que os geólogos observavam ao estudar o solo, ideias que davam base a várias teorias, como o catastrofismo, o vulcanismo ou o plutonismo. Era preciso olhar o solo de uma maneira nova, e isso aconteceu quando William Smith fez suas observações.

O geólogo inglês William Smith nasceu em 1769, em Oxforshire, Inglaterra. Filho de um ferreiro, Smith desde cedo interessou-se pelos fósseis, que colecionava. Trabalhou no mapeamento de terrenos e percebeu que o solo era constituído de camadas, e que em cada camada havia fósseis semelhantes. Contudo, Smith observou também que, a partir de certa camada do subsolo, não se encontravam mais fósseis, conchas ou restos de animais, e que, mais abaixo, não havia nenhum vestígio de vegetais. Ele concluiu que as diferentes camadas do solo forneciam um mapa do tempo, eram uma chave apta a abrir as portas do passado da Terra, que, pelo que tudo indicava, nem sempre tinha sido como é e que era muito mais velha do que os poucos milhares de anos que o estudo das Escrituras indicava.

Smith, porém, teve problemas de ordem pessoal. Animado com o que andava fazendo e encorajado com a repercussão de seu enorme mapa geológico, endividou-se mais do que podia. Para piorar, sua jovem mulher apresentou problemas de saúde mental e física. As dívidas aumentaram, e Smith acabou sendo preso em 1819. Ficou algumas semanas na prisão, o suficiente para deixá-lo arrasado. Sua contribuição para a ciência só foi reconhecida pela Sociedade Geológica de Londres em 1831, isto é, oito anos antes de morrer, em 1839. Seus trabalhos, porém, foram essenciais no conhecimento da idade da Terra e deram novo rumo aos estudos sobre a formação dos solos.

O mapa geológico de Smith fornecia os argumentos necessários para que a formação das rochas fosse vista como decorrência de um processo lento e contínuo. A ideia de uma Terra se transformando gradualmente, sem saltos bruscos, foi defendida por James Hutton (1726-97), que afirmava que o presente é a chave para entender o passado. Hutton nasceu em Edimburgo, na Escócia; era filho de comerciante. Logo, porém, ficou órfão de pai, e sua educação foi conduzida por sua mãe. Aos 17 anos iniciou estudos em direito, mas estava flagrantemente voltado para a química, num momento da história da ciência em que se discutia a composição do ar e da água e a origem do fogo. Formou-se em medicina e aos poucos se interessou por meteorologia e geologia. Suas observações da composição do solo e de suas camadas distintas fizeram com que ele se convencesse de que aquelas formações ocorreram lentamente. O uniformitarismo, como ficou conhecida a teoria de Hutton, partia de um princípio básico: as leis que regem o presente também regeram o passado, ou seja, as leis fundamentais da natureza são as mesmas em toda a história da Terra. O trabalho de Hutton exerceu enorme influência e deu origem à moderna geologia. Charles Lyell (1797-1875), advogado e o mais influente geólogo inglês do século XIX, aprofundou a teoria do uniformitarismo, em oposição ao catastrofismo.

Mas, para entender a vida, não basta perceber que o tempo de existência do planeta é maior do que algumas dezenas de séculos: é necessário também descobrir qual o mecanismo que propicia as transformações observadas. O trabalho de Lamarck aponta nessa direção, mas a ideia de uso e desuso não é apropriada para explicar tudo que se vê.

4. a evolução por seleção natural

A descoberta científica das Américas começou timidamente pouco mais de dois séculos após a sua conquista pelos europeus, e logo o processo se acelerou. Era preciso estudar e compreender o solo americano para melhor explorar as riquezas ali encontradas. Assim, a partir do século XVIII, cientistas de vários países do Velho Mundo começaram a desembarcar nas terras conquistadas, ávidos por relatar tudo o que viam.

Um deles foi o explorador, naturalista e cientista Alexander von Humboldt. De família bem estabelecida, Humboldt nasceu em Berlim, em 1769. Desde cedo interessou-se pela geologia e pela biologia e, em 1799, iniciou uma longa viagem cujo destino era o norte da América do Sul e a América Central. Em 1804, Humboldt voltou à Europa após ter realizado importantes observações sobre a geologia, a meteorologia, a astronomia, as ciências físicas e biológicas da região visitada.

Estudou o clima, e descobriu várias espécies novas. O peixe-elétrico é um exemplo: um organismo capaz de dar um choque que pode chegar a matar uma pessoa. Seus relatos impressionantes foram publicados e lidos com interesse pelos europeus após a volta do naturalista alemão. As Américas surgiam como um continente cheio de surpresas e espanto, que convidava a todos para o seu desbravamento. Humboldt morreu em 1859, tendo deixado um importante legado.

Foi preciso esperar quase meio século após as primeiras ideias sobre evolução para que surgisse uma teoria que se aproximasse mais do que acontece no mundo vivo. Charles Darwin (1809-82) e Alfred Russel Wallace (1823-1913) foram os protagonistas dessa contribuição. Os dois naturalistas ingleses estiveram no Brasil estudando a diversidade da natureza, e Darwin teve um papel importante no estudo de formações geológicas como os grandes corais.

Charles Darwin, neto de Erasmus, nasceu em Shrewsbury, Inglaterra, em 12 de fevereiro de 1809. Filho e neto de médicos, foi encaminhado para estudar medicina, sem, contudo, mostrar interesse por essa área. Mais tarde, incentivado a dedicar-se à teologia e a seguir a vida religiosa, novamente não se entusiasmou. Mas o mundo natural o atraía, assim como a curiosidade geológica. Na década de 1820, quando era estudante em Cambridge, começou o curso de história natural.

Em 1831, seguindo a sugestão de um de seus tutores, embarcou no brigue *HMS Beagle* para uma longa viagem ao redor do mundo, com o objetivo de explorar e conhecer novas terras. Foi como acompanhante do comandante da embarcação, o tenente Robert Fitz-Roy, e disposto a fazer observações geológicas, botânicas e zoológicas. Na viagem estudou o livro *Princípios de geologia*, de Charles Lyell, que expunha a tese de que mudanças lentas agindo por longos períodos de tempo eram responsáveis pelas transformações observadas no solo.

A viagem ao redor do mundo durou quatro anos e nove meses, tendo partido de Plymouth, Inglaterra, no dia 27 de dezembro de 1831, e retornado em 2 de outubro de 1836. O navio passou pela ilha da Madeira, pelo arquipélago de Cabo Verde e chegou a Salvador, cidade sobre a qual Darwin faria as seguintes anotações em seu diário:

Bahia, ou São Salvador. Brasil. 29 de fevereiro. — O dia transcorreu maravilhosamente. Deleite, entretanto, é uma palavra fraca para expressar os sentimentos de um naturalista que, pela primeira vez, esteve perambulando sozinho numa floresta brasileira. Em meio à profusão de objetos notáveis, a exuberância geral da vegetação ganha longe. A elegância das gramas, a novidade das plantas parasitas, a beleza das flores, o verde lustroso das folhagens, tudo leva a isso. Uma mistura bastante paradoxal de som e silêncio impregna as partes sombreadas da floresta. O ruído dos insetos é tão alto que pode ser ouvido até mesmo num navio ancorado a várias centenas de jardas da praia; contudo, dentro dos recessos da floresta, parece reinar um silêncio universal.

De Salvador o *Beagle* seguiu para o Rio de Janeiro, passando ao largo de Abrolhos. Enquanto isso, o espanto de Darwin só fazia crescer. O espanto... e um calor abrasador: eis dois temas constantes em seu diário.

Impressionado com o equilíbrio sutil que mantém as espécies em convívio, Darwin escreveu em seu diário: "Quando o homem é o agente de introdução de uma nova espécie num país, essa relação frequentemente se rompe".

Darwin permaneceu cerca de dois anos em território argentino fazendo coletas e estudando as formações geológicas. Biologia e geologia estavam caminhando juntas. Fósseis e amostras minerais coletados por ele foram levados para o *Beagle*, para desespero de Fitz-Roy, que via naquilo tudo um amontoado de lixo pesado e volumoso. Darwin colecionou um grande número de espécimes, muitos desconhecidos, e muitos fósseis de animais extintos que guardavam espantosa semelhança com animais que viviam na região. Após várias excursões na Argentina, Chile e Peru, Fitz-Roy apontou seu navio para o Oeste. Em 16 de setembro de 1835 o *Beagle* chegou às ilhas vulcânicas de Galápagos, que formam o arquipélago Colombo, um verdadeiro santuário de biodiversidade. Tartarugas, lagartos, tubarões e uma imensa variedade de peixes e aves podiam ser captados num rápido olhar. A profusão de espécies vegetais também despertava o interesse do jovem naturalista. Lá Darwin pôde observar que animais da mesma espécie que viviam em ilhas diferentes do arquipélago apresentavam diferenças. Como as ilhas são distantes umas das outras e do continente — neste caso, por pouco mais de mil quilômetros —, as espécies locais não podem entrecruzar senão com indivíduos da mesma ilha. Como cada ilha do arquipélago possui características singulares, Galápagos se apresentava como um excelente laboratório natural para se estudar os mecanismos da seleção natural, uma ideia ainda em ebulição na cabeça do jovem naturalista de 26 anos. Darwin observou, por exemplo, que alguns animais, como os tentilhões e as tartarugas, se adaptavam ao seu ambiente de tal forma que se tornava possível identificar a procedência de uma tartaruga pela forma do casco, por exemplo.

Durante pouco mais de vinte anos, de 1836 a 1858, Darwin lutou com seus preconceitos e teve que avançar em suas pesquisas mais ou menos isoladamente, enquanto publicava importantes trabalhos. Estudou os fósseis, a formação dos arquipélagos de corais, a geologia de ilhas vulcânicas da América do Sul, dedicou-se à caracterização de algumas espécies, tudo isso enquanto tentava elaborar uma ideia corajosa e revolucionária: a de que os seres vivos evoluem não pelo uso e desuso de suas partes, mas pela seleção que a natureza fazia dos indivíduos, cabendo apenas ao mais apto sobreviver e procriar.

Alfred Russel Wallace era mais moço do que Darwin e tinha uma personalidade bem diferente. Como Darwin, ele também esteve no Brasil, em particular, na Amazônia, junto com Henry Walter Bates (1825-92), outro naturalista inglês interessado em desvendar os segredos da floresta. Os dois, impressionados com os relatos de Humboldt, Darwin e outros naturalistas, decidiram fazer suas próprias observações. Chegaram em 1848 a Belém do Pará e logo começaram a fazer pesquisas e anotações.

Durante o tempo em que esteve lá, Wallace fez o levantamento cartográfico do rio Negro e conseguiu coletar uma grande quantidade de espécimes, além de manter contato com grupos indígenas. Em seus cadernos de anotações, realizava detalhados desenhos de tudo o que via. Em 12 de junho de 1852 embarcou de volta para sua terra natal no brigue *Helen* levando suas coleções e suas anotações, mas o destino reservava uma desagradável surpresa: fogo a bordo. O *Helen* começou a queimar por volta das nove horas da manhã do dia 6 de agosto e nada pôde ser feito, pois a fumaça tornou-se cada vez mais densa e sufocante e logo tomou conta da cabine, impossibilitando que se salvasse qualquer coisa. Wallace e a tripulação do brigue foram resgatados depois de passarem dez dias num pequeno barco flutuando à deriva no oceano. De tudo o que reunira, restaram suas ideias, desenvolvidas na Amazônia, sobre a emocionante riqueza das formas vivas da floresta. Talvez tenha sido nessa época que ele elaborou a ideia de um processo de mudança dos seres vivos a partir da seleção natural. Naquela natureza bruta em que tinha estado, o mais fraco não tinha muitas possibilidades de sobreviver. Mas a situação era bem mais complexa: não se tratava da sobrevivência do mais forte, mas sim daquele que possuía maiores condições de adaptação a um ambiente que cobrava cada falha. Tudo, entretanto, estava agora no fundo do mar, e Wallace não poderia apresentar suas conclusões sem o material que provava suas hipóteses. A única solução para o seu problema era começar de novo. Mas agora ele já tinha uma hipótese forte, que fazia um enorme sentido. Para poder apresentá-la com fundamentação, porém, ele decidiu viajar para o arquipélago Malaio. Lá ele poderia refazer sua coleção, vender espécimes raros e aprimorar suas conclusões. Chegou à Malásia em 1854, aos 39 anos, e passaria oito anos coletando e descobrindo espécies até então desconhecidas.

Em 1858, com muito material novo, e tendo elaborado cuidadosamente seus argumentos em favor do mecanismo de seleção natural para dar conta dos processos evolutivos, Wallace escreveu para Darwin uma carta, na qual apresentava o esboço de suas conclusões. Darwin logo percebeu que eles caminhavam na mesma direção.

A partir daí, uma delicada situação se colocou: quem era o pai da nova teoria: Wallace ou Darwin? Para resolver o impasse, decidiram apresentar simultaneamente os dois trabalhos à Linnean Society, uma das mais importantes sociedades científicas, no dia 1º de julho de 1858. Nenhum dos dois esteve presente à reunião. Wallace estava na Indonésia, e Darwin acabara de perder o filho, que faleceu na véspera da apresentação. Os trabalhos, porém, não despertaram maior interesse nos acadêmicos: aqueles relatórios científicos estavam escritos numa linguagem pouco acessível para o grande público.

No ano seguinte, o livro de Darwin, *Sobre a origem das espécies por seleção natural*, foi publicado e logo despertou grande interesse e um clima de polêmica. Ocorreu uma forte reação de alguns membros da Igreja, que viam na teoria de evolução por seleção natural uma negação da situação privilegiada do homem: como advogar que este não era mais do que um primata evoluído? Como ficava o texto do Gênesis, que dizia que o homem havia sido criado por Deus à sua imagem e semelhança para dominar os peixes do mar, as aves dos céus, o gado, os répteis, enfim, toda a terra? Onde estava o "elo perdido", um animal meio macaco, meio homem? Os debates foram calorosos entre os defensores da nova teoria e os eclesiásticos mais fundamentalistas, e o livro de Darwin teve grande procura por parte do público letrado. A primeira edição, publicada em novembro de 1859, esgotou-se em um dia.

Os trabalhos de Wallace e Darwin mudaram a biologia. Eles contribuíram para o entendimento de como as espécies passam por transformações e de que, como todos os naturalistas já haviam observado, o mundo natural sofre com a intervenção do homem. Dois aspectos importantes decorrem da ideia de evolução por seleção natural. O primeiro nos diz que o número de espécies tende a aumentar, ou seja, é falsa a ideia de que as espécies rumam a uma especialização extrema, convergindo para uma única espécie em que somente o mais apto sobrevive. Não existe nenhum organismo capaz de sobreviver se não estiver em permanente interação com o ambiente externo a ele. Essa é uma das características mais perturbadoras da vida, a qual só ocorre quando há uma constante troca de matéria, de energia e de informação com o ambiente exterior. Mas, como há troca, acaba-se sem um critério que defina uma fronteira clara entre o indivíduo e o meio exterior. Mais do que isso: essa troca faz com que o meio exterior se altere, podendo, inclusive, se modificar a tal ponto que deixa de ser adequado a um dado organismo.

O segundo ponto diz respeito ao tempo necessário para que uma nova espécie surja no cenário. As mudanças são lentas, e não súbitas, como propõe o catastrofismo, nem nulas, como defende uma visão estática do tema. O que existe hoje não existia num passado remoto nem existirá num futuro distante.

Há ainda um terceiro ponto que permeia os estudos realizados pelos naturalistas europeus. Embora suas observações tivessem grande interesse científico, certo utilitarismo esteve sempre presente: o importante era conhecer para melhor explorar, sem grandes preocupações com os efeitos das mudanças que essa exploração poderia trazer.

Já no século XVIII a devastação das florestas preocupava vários brasileiros. José Bonifácio de Andrada e Silva (1763- -1838), mais conhecido por sua atuação política como Patriarca da Independência, passou três décadas na Europa realizando pesquisas em geologia e história natural. Filho de uma família aristocrática portuguesa, José Bonifácio nasceu em Santos, na então capitania de São Paulo, e realizou estudos na Universidade de Coimbra, em Portugal. Cursou direito, matemática e filosofia natural, e em 1790 fez uma viagem científica pela Europa, quando se interessou por mineralogia. Em Paris, às vésperas da Revolução Francesa, dedicou-se à química. Teve como interlocutores importantes nomes da ciência do século XVIII, como Humboldt. Depois de seu retorno à Universidade de Coimbra, assumiu, em 1801, a cátedra de mineralogia, especialmente criada para ele. Nos 36 anos que passou na Europa, José Bonifácio realizou diversas expedições e apresentou vários trabalhos científicos sobre mineralogia, geologia e história natural. Retornou ao Brasil em 1819 e lutou contra a escravidão, pela integração dos índios na sociedade brasileira, pela independência e pela preservação e recuperação das florestas brasileiras. Logo após a independência, Bonifácio já alertava as autoridades para o perigo do desmatamento desenfreado que iria ocorrer, caso não fosse prontamente controlada a ação devastadora que já atingia um terrível patamar, e lembrava que a natureza ultrajada iria um dia se vingar.

Na década de 1860, d. Pedro II iniciou o reflorestamento da floresta da Tijuca, no Rio de Janeiro, que havia sido destruída pela lavoura do café. A decisão tinha como objetivo garantir o abastecimento de água potável da capital do Império, que andava crítico por causa da atividade cafeeira na região. Porém, a perda de importantes espécies nativas, que tiveram que ceder lugar ao café, nunca foi superada, embora a iniciativa do imperador tenha sido de grande importância ambiental. O equilíbrio que existia antes da intervenção humana ficou abalado, pois, apesar de o reflorestamento ter sido realizado com espécies características da mata Atlântica, espécies novas também foram introduzidas. Um exemplo é a jaqueira (*Artocarpus heterophyllus*), árvore nativa da Índia que se adaptou bem ao clima e ao solo brasileiro e se alastrou, transformando-se quase numa praga.

Nem sempre, portanto, o processo de adaptação de um organismo em um novo ambiente teve o sucesso esperado. A visão europeia de buscar "capitalizar" o ambiente introduzindo novas espécies exógenas e adequando-as a práticas já conhecidas levou, em alguns casos, a situações curiosas. A Comissão Científica do Império, que realizou extenso trabalho no Nordeste brasileiro entre 1859 e 1861 com o apoio do Instituto Histórico e Geográfico Brasileiro (IHGB) e do próprio imperador, tinha como um de seus objetivos abordar regiões do país com um novo olhar, pois as impressões de pesquisadores estrangeiros estavam impregnadas de visões preconcebidas: o Brasil era visto tão somente como uma terra exótica que cultivava estranhos hábitos num ambiente de luxúria e calor insuportável. Entre os integrantes da comissão estava Gonçalves Dias, responsável pela seção Etnográfica e da Narrativa da Viagem. Diante da elevada temperatura do Nordeste brasileiro a ideia de trazer dromedários da África para cobrir a ausência de animais de carga pareceu razoável para os membros da comissão. Entretanto, os catorze animais que aportaram na região, causando surpresa e curiosidade nos habitantes locais, simplesmente não se adaptaram ao clima do semiárido e não conseguiram sobreviver.

5. a idade da Terra

Em pouco menos de dois séculos a Terra envelheceu alguns bilhões de anos. As observações do mundo natural realizadas a partir do século XVI mostravam que não se poderia aceitar que os processos estudados tinham ocorrido em um curto espaço de tempo. Gradualmente a concepção de que as formações geológicas ocorreram através de transformações lentas (acomodações de sedimento, alterações produzidas pela erosão, ação de organismos etc.) passou a ser aceita no meio acadêmico. Interpretar os grandes fósseis encontrados como registros de animais que, por serem muito grandes, não puderam embarcar na Arca de Noé, já não parecia razoável.

Em 1744 Georges-Louis Leclerc, conde de Buffon (1707--88), publicou o livro *Teoria da Terra*. Nele, defendia a tese de que o planeta tinha cerca de 74 mil anos, e não os poucos 6 mil da cronologia adotada pela Igreja. Cinco anos depois, publicou

História natural, obra na qual discutia a origem da vida, da Terra e dos demais planetas. Logo, houve uma reação desfavorável, e em 1753 Buffon retratou-se declarando que não tinha intenção de contrariar o texto das Escrituras.

Tanto as teorias de evolução dos seres vivos quanto as interpretações geológicas exigiam que se aceitasse que o tempo de existência da Terra e dos seres vivos era muitas vezes superior ao que se supunha. Biologia, geologia e astronomia se misturavam na tentativa de estimar a idade do planeta levando em conta as novas descobertas científicas.

Em fins do século XIX já se admitia que a Terra tinha cerca de meio bilhão de anos, idade que não se pode conceber sem recorrer à fantasia. Mas essa idade ainda é pequena quando comparada com a aceita no século XX, depois das descobertas de reações radioativas que ocorrem no núcleo terrestre: 4,5 bilhões de anos. Quatro bilhões e meio de anos é um tempo impensável de tão abstrato: para imaginá-lo é necessário aceitar que os processos de mudança ocorreram muito lentamente, e se deram num planeta totalmente diverso do que hoje vemos. A atmosfera era cruel, não havia água nem oxigênio. Talvez tenha chovido por alguns milhões de anos, mas ainda não se sabe a origem da água.

Um planeta tão idoso não poderia ser imutável. A semelhança no contorno dos continentes parecia ser um quebra-cabeça de peças colossais. Bastava um olhar atento ao globo terrestre ou aos mapas para se ver que era possível encaixar a costa leste da América do Sul na costa oeste da África, e que o mesmo poderia ser feito, com um pouco mais de dificuldade, em relação à América do Norte e à Europa. Mas como explicar que grandes massas de terra pudessem se deslocar? E que provas poderiam ser apresentadas para sustentar tão revolucionária proposta?

No início do século XX, Alfred Wegener, um meteorologista alemão, nascido no Sri Lanka em 1870, desenvolveu a teoria da deriva continental. Suas ideias, porém, não foram bem aceitas, embora ele tenha mostrado a semelhança, e muitas vezes a identidade, entre formações geológicas encontradas nas Américas e na África. Além disso, fósseis de animais extintos que tinham a mesma aparência foram encontrados em regiões separadas pelo oceano Atlântico. Pesquisas posteriores, realizadas já na segunda metade do século XX, deram suporte às ideias de Wegener, e a teoria das tectônicas de placas passou a ser aceita.

De acordo com essa teoria, em seu passado mais longínquo, havia na Terra um grande oceano e um único continente. Ao longo de sua história, ela se transformou: o continente primitivo se desagregou, dando origem aos que conhecemos atualmente. Esse deslocamento da crosta terrestre criou cordilheiras, regiões propícias para o surgimento de vulcões e falhas submarinas, mostrando que ainda hoje os continentes se deslocam, ora se afastando, ora se aproximando. Wegener não viveu para ver o sucesso de sua tese. Morreu em 1930, por hipotermia, quando realizava trabalhos de campo na Groenlândia.

Na Terra primeva teria surgido a vida como nós a conhecemos, ou, melhor, como supomos conhecer. Uma vida microscópica que não deixou vestígios, mas que deu lugar a uma história fantástica. Para alguns, a vida é um imperativo: se as condições forem adequadas, ela surge. Para outros, a vida é um milagre insondável. Para todos, contudo, a vida é um enigma, pois não se sabe o que ela é.

Em algum momento, distante de nós cerca de 4 bilhões de anos, começaram a aparecer entidades capazes de se auto-organizar e de se replicar, capazes de realizar um metabolismo que transformava moléculas encontradas na água ou em sedimentos em outras moléculas, mais complexas, num processo que se perpetuava. Talvez, mas não mais que talvez, tenham surgido entidades microscópicas que, protegidas por um invólucro, possuíam em seu interior uma molécula complexa capaz de se dividir e de dar origem a duas novas, semelhantes à primeira. Essas entidades talvez tenham sido os primeiros organismos que habitaram a Terra. O pouco que se sabe é que todos os organismos estudados até o momento — desde as microscópicas bactérias até as enormes baleias — possuem uma molécula cujo papel é transmitir para as gerações futuras as informações necessárias para a vida: trata-se do ácido desoxirribonucleico, o ADN, ou, na sigla em inglês, o DNA. Como essa molécula surgiu não se sabe, assim como não se sabe como era aquele mundo tão distante de nós.

O DNA tem a capacidade de se dividir e de gerar duas moléculas idênticas que guardam a informação de como era o organismo original. Mas ele não é capaz de realizar essa proeza sem a participação de muitas outras moléculas. É na transmissão da informação que reside a chave da diversidade. Não existem dois organismos idênticos. Mesmo duas células, produtos da divisão de uma mesma célula-mãe, não são idênticas. São semelhantes, pertencem a uma mesma espécie, mas não são cópias indiferenciáveis. Cada novo indivíduo possui uma singularidade que o distingue dos demais. Contudo, como todos os organismos conhecidos possuem moléculas de DNA, tudo leva a crer que todos descendem de um ancestral comum que já não existe há vários bilhões de anos. Esta é a chave da vida: ela se perpetua, mas não se repete.

A evolução da vida na Terra, porém, não foi, nem é, um processo regular. Embora haja sempre uma relação entre os organismos novos e seus antepassados próximos, em algumas ocasiões ocorre uma súbita explosão de novas formas de vida seguida de um período de extinção em massa. Foi após o surgimento dos primeiros seres vivos que a vida iniciou sua trajetória. Talvez há cerca de 3 bilhões de anos, ou seja, quase 2 bilhões de anos depois de surgirem os primeiros organismos, uma nova classe de organismos surgiu, capaz de utilizar a luz como fonte de energia e liberar oxigênio na atmosfera. Esse processo, conhecido como fotossíntese, apareceu em microrganismos, e graças a ele a atmosfera do planeta passou por uma profunda transformação, possibilitando o surgimento de outros seres que se utilizavam do oxigênio molecular para a realização do seu metabolismo. A presença da vida é um dos mais importantes fatores transformadores do planeta e o que permite estabilidade climática. Não fosse a vida, a Terra seria um planeta muito mais quente, sem uma atmosfera protetora, bombardeada pelo vento solar, provavelmente sem água em estado líquido.

Uma das grandes mudanças no mundo dos seres vivos ocorreu por volta de 2 bilhões de anos atrás, quando células mais complexas surgiram. Esses novos organismos microscópicos apresentavam em seu interior um compartimento envolto por uma membrana, o núcleo celular, onde o material genético se encontrava protegido. Esses organismos, os eucariotes — palavra derivada do grego (eu = bom, verdadeiro, $karyoto$ = núcleo) —, abriram um novo ramo na árvore da vida. A presença de um verdadeiro núcleo celular originou organismos com um grau de complexidade até então desconhecido. Cerca de 1 bilhão de anos depois começaram a surgir os organismos multicelulares, isto é, compostos de mais de uma célula mas que se comportavam como uma unidade. Juntar várias células pode ter sido uma estratégia de proteção e de sobrevivência num meio hostil.

6. a vida e a Terra

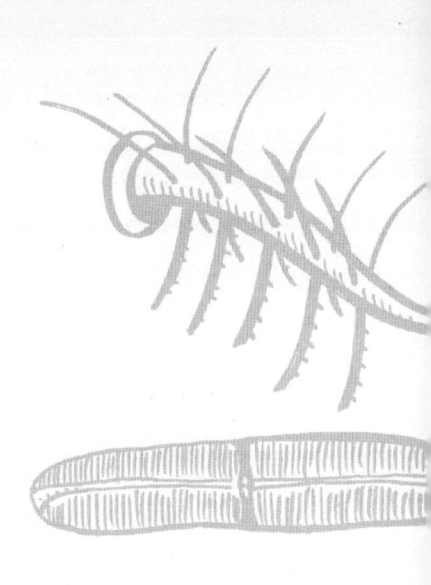

A história da Terra é dividida em intervalos de tempo relacionados com as grandes transformações que ficaram registradas no subsolo. Esses períodos constituem a escala de tempo geológico, um longo caminho com divisões e subdivisões pontuadas por alterações globais que deixaram sua marca nas rochas, nos fósseis, no fundo dos oceanos, na composição da atmosfera, no contorno dos continentes... A história da vida na Terra é a história dessas mudanças. A vida se fez aos saltos, com o súbito surgimento de novos protagonistas e o desaparecimento de antigos atores, além de longos períodos de aparente equilíbrio.

As maiores transformações no mundo dos seres vivos ocorreram no Pré-cambriano (4 bilhões de anos-542 Ma), período que durou cerca de 4 bilhões de anos. Foi nessa caminhada e numa Terra ainda em formação que a vida surgiu. Células eucariotes permitiram um aumento da complexidade dos seres vivos graças a um processo de reprodução mais elaborado, a atmosfera rica em oxigênio molecular possibilitou novos processos de metabolismo e, já no final do Pré-cambriano, no período que é conhecido como Ediacara (600 a 542 Ma), apareceram os primeiros organismos multicelulares, entre os quais os primeiros animais. Eram animais sem partes duras, uma fauna que aparentemente não deixou herdeiros e foi extinta no final do período Pré-cambriano. Poliquetas, anelídeos, cnidárias, crustáceos? O que se sabe é muito pouco. Restaram somente registros da superfície dos organismos, que ficaram preservados em arenito proveniente de algum evento catastrófico. São meras impressões nas rochas, encontradas nas montanhas Ediacara, situadas no deserto australiano, e não permitem que se conheça mais do que sua forma externa, sua morfologia. Com tão pouca informação, não se pode concluir nada sobre a afinidade desses organismos com qualquer forma de vida atual. A Terra naquela época tão distante de nós era um planeta dominado por uma grande massa de água e com uma pequena porção de terra seca.

O final desse período é caracterizado pelo súbito aparecimento — registrado nos fósseis — de uma grande quantidade de novos seres vivos, cuja diversidade e complexidade eram muito maiores. Foi nessa época também que organismos que se reproduzem sexuadamente apareceram no cenário, permitindo uma maior taxa de mudanças evolutivas. Essa repentina transformação, que ocorreu entre 542 e 488 milhões de anos atrás (período Cambriano), inundou a Terra com seres de estranha morfologia e que foram preservados em registros fósseis, como o *Opabinia* (~7 cm de comprimento), o *Wiwaxia* (~5 cm), o *Anomalocaris* (~60 cm) ou o *Hallucigenia* (~2,5 cm), encontrados em Burgess Shale, no Parque Nacional de Yoho, no Canadá. Nesse sítio, descoberto em 1909, já foram encontrados mais de 65 mil espécies que dão uma vaga ideia de uma Terra muito distante da que conhecemos. A explosão Cambriana, como é conhecido esse momento, ocorreu quando a superfície do planeta apresentava quatro grandes continentes: três na região tropical (Laurentia, Báltica e Sibéria) e um, gigantesco, no sul, o Gondwana.

Foi também no período Cambriano que começaram a surgir animais com conchas duras. Como partes duras são mais facilmente preservadas, são mais numerosos os registros fósseis desses organismos, o que contribuiu bastante para o entendimento do desenvolvimento da vida. Além disso, alguns grupos de animais tiveram um grande sucesso e deixaram descendentes. É o caso, por exemplo, dos trilobitas, artrópodes de ambiente marinho que deixaram sua marca nos fósseis, passaram por transformações, sentiram as pressões evolutivas. Hoje talvez se conheça um descendente deles no *Limulus polyphemus*, conhecido popularmente como caranguejo-ferradura, meio aparentado com os escorpiões. Embora o nome popular faça menção a um crustáceo (caranguejo), o *Limulus* é um artrópode que habita o golfo do México e a costa leste dos Estados Unidos. Foi classificado por Lineu em 1758 e guarda uma grande semelhança com o ancestral trilobita.

Do período Cambriano, porém, não se tem registro de plantas terrestres: somente fungos, algas ou liquens cobriam a terra. Por outro lado, são muitos os fósseis dos peixes primitivos e dos primeiros insetos, aracnídeos e crustáceos. No final desse período ocorreu talvez a segunda maior extinção em massa conhecida. Pelo menos é assim que são interpretados os registros fósseis. Em um intervalo curto para a história da vida, uma grande quantidade de organismos desapareceu do cenário. O que aconteceu? Mudanças climáticas causando o aumento do nível do mar? Esgotamento do oxigênio no mar? Terremotos? Ação vulcânica prolongada, lançando gases tóxicos no ar? Ninguém sabe. O que se sabe apenas é que aqueles estranhos organismos sumiram dos registros fósseis e não parecem ter deixado descendentes. Calcula-se que quase metade das espécies animais desapareceu. Isso ocorreu entre 488 e 443 milhões de anos atrás, no período Ordovaciano. Após essa grande extinção, começaram a aparecer as primeiras plantas terrestres, que caracterizam o período Siluriano (444--416 Ma). Mas, a extinção durante o Ordovaciano não parece ter sido a mais dramática. Após o Siluriano, no fim do período Devoniano (416-360 Ma) estima-se que 70% de todas as espécies marinhas desapareceram. Talvez durante 20 milhões de anos a vida na Terra tenha estado ameaçada, mas reagiu e no Carbonífero (359-245 Ma), devido a um aumento do nível dos oceanos, surgiram as florestas com samambaias, os primeiros répteis e, junto com eles, os primeiros seres voadores, estranhos insetos semelhantes às libélulas, e grandes artrópodes. É bem verdade que a fauna marinha sofreu com essas mudanças, mas é assim a história da vida. O período seguinte, o Perniano (299-251 Ma), assistiu ao surgimento de primitivos tubarões e dos primeiros grandes répteis, mas tudo sentiu os efeitos de uma terrível extinção que eliminou cerca de 95% da vida terrestre.

A recuperação foi lenta, mas já no Triássico (251-200 Ma) começava o reinado dos dinossauros, que passaram a dominar o palco dos animais terrestres. No início desse período os continentes ainda estavam praticamente juntos, formando uma única massa seca, a Pangeia, que era circundada por um vasto oceano. Nessa geografia era possível a migração de animais: há fósseis de dinossauros, por exemplo, tanto nas Américas como na África, na Europa e na Ásia.

Grandes extinções ocorreram, e não se compreende bem a razão desse fenômeno. Elas podem estar associadas a mudanças climáticas, como o resfriamento ou o aquecimento do planeta, ao esgotamento temporário do oxigênio nos oceanos, ou ainda à deriva continental, que causou inevitáveis transformações na superfície terrestre. Mudanças no campo magnético terrestre também podem ter causado uma incidência maior de partículas provenientes do Sol, contribuindo para o desaparecimento de organismos. E há sempre a possibilidade de um impacto de um asteroide de grandes proporções, isto é, de uma causa extraterrestre.

Uma das grandes extinções em massa, não a maior mas certamente a mais conhecida, ocorreu há 65 milhões de anos, na transição do Cretáceo para o Terciário. Um grande número de espécies desapareceu na ocasião, mas seus protagonistas mais ilustres foram os últimos dinossauros, grupo de répteis que habitou a Terra por quase 200 milhões de anos, sendo que os primeiros parecem ter surgido por volta de 230 milhões de anos atrás, no período Triássico (251-228 Ma).

Num intervalo de tempo curto, se comparado às mudanças geológicas, a Terra passou por enormes transformações que levaram ao desaparecimento de grande parte da vida. Organismos fotossintéticos, como plantas e fitoplânctons, quase desapareceram, reduzindo a quantidade de alimento para outros organismos. Animais herbívoros, sem alimento, pereceram, levando à escassez do alimento de predadores, como os temíveis *Tiranossaurus rex*. Como ocorre nessas ocasiões catastróficas, os de maior porte sentem mais os efeitos, pois estão no topo da cadeia alimentar e dependem de um grande número de organismos menores, que têm mais facilidade de encontrar abrigo e proteção. Além disso, os organismos menores têm uma taxa de reprodução maior. O fim dos dinossauros e de outros predadores abriu espaço para que a população de mamíferos e de pássaros aumentasse, tornando-se dominantes no reino dos vertebrados terrestres.

O que causou a grande extinção no fim do período Cretáceo? Não se sabe. Há várias hipóteses, e todas elas apontam a mudança do clima causado por fenômenos globais. Mas é provável que tenha havido mais de uma causa. No período em que ocorreram essas mudanças, o ambiente terrestre devia ser completamente inóspito, e se a vida persistiu foi pela força que tem.

Uma das hipóteses mais aceitas como causa do desaparecimento dos dinossauros, assim como do início dessa grande extinção de 65 milhões de anos atrás, é a colisão de um grande asteroide. De repente a atmosfera se incendeia e uma poderosa explosão abala toda a Terra. Uma grande onda de choque se desloca a mil quilômetros por hora arrasando tudo que está pela frente, transformando as áreas secas do planeta em um entulho de detritos. Nos oceanos, as grandes ondas revolvem o fundo e invadem a terra sem encontrar obstáculos que impeçam o seu avanço destruidor. Uma extensa nuvem de poeira fina se espalha cobrindo todo o planeta, atingindo grandes alturas e impedindo a luz solar de chegar à superfície terrestre. Sem luz as plantas não são capazes de manter o seu metabolismo e morrem. Os animais que delas dependem não encontram alimento para se manterem vivos e acabam morrendo. Sem as presas, os animais carnívoros, ponto último de uma complexa cadeia alimentar, se veem em situação crítica e não aguentam. Tempestades elétricas intensas e atividades vulcânicas em vários pontos do planeta contribuem para alterações dramáticas do clima.

E a Terra viveu esse desequilíbrio. As erupções vulcânicas submersas ocorriam nas falhas geológicas e compostos tóxicos jorravam nas águas aquecidas do mar. O asteroide vindo do espaço trouxe grande quantidade de elementos tóxicos e raros na Terra, e a vida não estava acostumada àquilo. Vulcões insistiam em manter-se ativos, jogando gases e escurecendo a atmosfera, impedindo a incidência da luz solar e produzindo grandes incêndios que queimavam tudo que existia na superfície. Uma paisagem cinza, escura, paralisada, fumegante, com as chamas altas se elevando aos céus, tingindo a atmosfera com cores vermelhas e amarelas. Era noite durante o dia, e o tempo não passava. O calor se espalhando como uma onda apocalíptica não se intimidava com o que encontrava pela frente. O ruído ameaçador das descargas elétricas estourando e iluminando o céu e os clarões aterradores dos relâmpagos foram deixando um rastro de terríveis raios que atingiam o chão e iniciavam novos focos de fogo. Se houvesse inferno, ele estaria se realizando ali.

7. destruição e renovação

Na época dessa grande extinção ocorrida há 65 milhões de anos, chamada de extinção K-T (abreviação de Kretacious-Tertiary), os continentes já estavam parcialmente separados. Durante os mais de 150 milhões de anos que se passaram desde o surgimento dos dinossauros até seu desaparecimento, era possível migrar por toda a região de terra seca. Os animais terrestres podiam se difundir ocupando grandes áreas. Foi nesse período que surgiram os primeiros mamíferos (200 Ma), os pássaros (150 Ma) — descendentes de certas espécies de dinossauro — e as plantas com flores (130 Ma). Os insetos (400 Ma), os anfíbios (360 Ma) e os répteis (300 Ma) já tinham aparecido, bem como as primeiras plantas terrestres (475 Ma). A diversidade biológica crescia, mas, rapidamente na escala biológica, tudo mudou.

Apesar de tudo, muitas formas de vida conseguiram escapar da extinção e dar continuidade à vida terrestre, cuja preservação depende da diversidade das formas vivas, o que, por sua vez, permite que organismos já existentes se adaptem ao novo cenário. É a vida teimando em se impor, lutando contra as incertezas do meio. A evolução continua, então, a agir: as espécies que sobreviveram dão, lentamente, origem a novas espécies, mais adaptadas ao novo mundo.

No novo palco, sem a presença dos dinossauros, espécies menores começaram a se desenvolver. Surgiram grandes aves, como as aves-do-terror (da família *Phorusrhacidae*), que reinaram na América do Sul desde o fim da extinção K-T até 15 Ma e podiam atingir cerca de três metros de altura e pesar 130 quilos. Não voavam, mas podiam correr a mais de trinta quilômetros por hora. E eram carnívoras, verdadeiras feras que atacavam pequenos lagartos e mamíferos.

A adaptação muitas vezes se dá por caminhos curiosos. É o caso de todos os cetáceos da atualidade, entre os quais os golfinhos e as baleias, que descendem de mamíferos da ordem *Artiodactyla*, que migraram da terra para a água há cerca de 50 milhões de anos.

Os primeiros primatas surgiram logo após a extinção K-T. Aos poucos foram se diversificando, dando origem aos atuais micos, macacos, chimpanzés, e aos humanos. O *Homo sapiens*, ou seja, a nossa espécie, está relacionado aos chimpanzés, e começou a se ramificar há cerca de 5 milhões de anos. Os mais antigos fósseis do gênero *Homo*, os *Homo habilis*, viveram entre 2,4 e 1,4 Ma na África. Depois surgiram várias espécies que já se extinguiram, como os *Homo erectus*, que viveram por um longo período (de 1,8 Ma até cerca de 70 mil anos atrás), e os *Homo neanderthalensis*, que apareceram por volta de 400 mil anos atrás. A origem dos *Homo sapiens* é tema de calorosos debates no meio científico. Surgiram há aproximadamente 150 mil anos, na África, e foram gradualmente migrando para outras regiões do globo. Sua imensa capacidade de adaptação permitiu que atingissem a Austrália há cerca de 50 mil anos, a Ásia e a Europa, por volta de 40 mil anos atrás, e as Américas, um tanto mais recente, há aproximadamente 20 mil anos.

Incêndios avassaladores, tempestades violentas ou outros fenômenos como erupções vulcânicas, terremotos ou maremotos destroem grandes áreas do ambiente, e a vida tem que ressurgir depois da devastação. Árvores centenárias são vulneráveis a um ciclone ou podem ser alvo de raios. Animais maiores irão sentir mais os efeitos da catástrofe, pois dependem de grande quantidade de alimento para sobreviver e não encontram facilmente abrigo. Já as plantas e os animais menores podem refugiar-se nas clareiras produzidas pelas chuvas, pelas tempestades elétricas, pelos incêndios que se propagam, pelas lavas lançadas das chaminés dos vulcões, pelas ondas impiedosas causadas por maremotos. Em outras palavras, após uma grande tempestade ou outro grande evento capaz de alterar o ambiente, a vida recomeça. Não como era antes: uma nova população de organismos vem aproveitar o espaço liberado e tomar conta dos diferentes nichos, tornando as áreas devastadas repletas de novos inquilinos, capazes de sobreviver e de se reproduzir no novo palco.

Em 27 de agosto de 1883, o mundo foi abalado por uma violenta explosão na ilha de Cracatoa, situada entre Java e Sumatra, na Indonésia: um vulcão de mais de oitocentos metros de altura entrou em erupção. Durante quase um dia inteiro o vulcão não deu trégua, causando mais de 30 mil mortes. A temperatura da água ao redor da montanha subiu mais de 20 °C, e ondas descomunais de trinta metros de altura varreram tudo que havia pela frente. Imediatamente formou-se um maremoto devastador, e a ilha foi sugada por uma câmera subterrânea do vulcão. O navio a vapor *Barouw* flutuou por cima de coqueiros e assentou mais de três quilômetros distante da costa. Gases e pequenas partículas difundiram-se na atmosfera, e durante mais de um ano sentiu-se a variação da temperatura e da mudança das cores durante o pôr e o nascer do Sol em todo o planeta. No local onde se encontrava Cracatoa emergiu uma nova formação vulcânica, que recebeu o nome de Anak Krakatoa, que significa filha de Cracatoa, em indonésio. A seu lado, uma pequena ilha, Rakata, tornou-se um ambiente estéril, coberto pelas cinzas do vulcão. Nenhuma forma viva que habitava o lugar foi capaz de sobreviver a tão terrível acontecimento.

Nove meses após a intempestiva manifestação de força da natureza, uma equipe francesa desembarcou nos restos da ilha para estudar a geologia do local e procurar sinais de vida. O que se viu era indescritível: a ilha de Cracatoa tinha simplesmente desaparecido. Nas regiões vizinhas o panorama não era nada animador: três vilas haviam sido destruídas; montanhas tinham se elevado do mar e novos vulcões estavam lançando suas lavas e sua fumaça densa. A atmosfera, carregada de enxofre, era insuportável, e a paisagem, até a catástrofe densamente arborizada, havia se transformado em um território coberto de cinzas. O naturalista que integrava a expedição escreveu: "em terra nós não encontramos nenhum traço de vida vegetal ou animal, salvo uma pequena aranha".

Passaram-se alguns meses e uma nova equipe francesa foi observar a região. Eles puderam ver a enorme destruição causada pela erupção: não encontraram nada além de troncos esbranquiçados de algumas árvores (*Ficus religiosa*), verdadeiros esqueletos vegetais. Mas a natureza já dava mostras de estar reagindo: no meio das ruínas brotavam, dos bulbos de bananeiras, as primeiras folhas verdes, e dos cocos caídos surgiam os sinais dos futuros coqueiros.

Assim é a vida: não se dá por vencida, sempre encontra uma maneira de iniciar uma nova história. A chave para tamanha capacidade de renovação está na enorme diversidade de formas vivas. A variedade de espécies possibilita a capacidade de adaptação nos mais diversos ambientes.

8. o homem na natureza

"O homem nasce livre, e por toda a parte encontra-se a ferros." Assim começa o livro *O contrato social*, de Jean-Jacques Rousseau, publicado em 1762. Para Rousseau, a liberdade não é um conceito leviano. De acordo com esse pensador, para que o estado social se torne possível, embora não seja um estado natural para o homem, é indispensável um contrato. É preciso aceitar convenções que garantam a liberdade individual, sem que um indivíduo esteja submetido à autoridade de outro. O contrato social faz com que cada indivíduo se submeta apenas à autoridade única da lei, impessoal e comum a todos. A liberdade está em aceitar os limites impostos pela lei, que age indistintamente sobre todos.

Na década de 1990, o filósofo francês Michel Serres publicou o livro *O contrato natural*, no qual nos adverte sobre a urgência de se firmar um contrato entre o homem tecnológico, que depende cada vez mais de um sofisticado arsenal de aparatos para sobreviver, e o meio ambiente, a fim de preservá-lo e de evitar uma catástrofe global.

A ideia de um contrato natural, porém, esbarra num ponto crítico: um contrato pressupõe duas partes: o contratante, ou seja, o homem, e o contratado, que não pode ser a natureza, da qual o homem é parte integrante mas que não "assina" contratos. Serres não indica uma solução para esse problema, mas faz um eficaz alerta.

A partir da década de 1980 a questão da preservação da biodiversidade aparece imbricada com a necessidade de se buscar um novo modelo para essa relação do homem com o meio ambiente. A emissão de gases tóxicos na atmosfera devido ao uso extensivo de combustíveis fósseis como o petróleo, aliada ao aumento da produção e à devastação de grandes áreas verdes, tem produzido um aquecimento no planeta de consequências ainda desconhecidas. Anuncia-se que esse aumento da temperatura elevará o nível dos oceanos, causará o derretimento das geleiras e provocará uma transformação das condições ambientais de tal ordem que diversas espécies não terão mais condições de viver. Uma extinção produzida pelo homem.

Em 1988, na Conferência Mundial sobre Mudanças Atmosféricas: Implicações para a Segurança do Mundo, realizada em Toronto, no Canadá, ficou clara a necessidade urgente de se reduzir a emissão de carbono, sobretudo por parte dos países mais industrializados. Dois anos depois, o Painel Intergovernamental para Mudanças Climáticas (IPCC) divulgou um relatório mostrando os riscos que a humanidade estava correndo caso não se alterasse de forma profunda o modelo energético. Ou seja, o aquecimento global, decorrência do aumento de poluentes na atmosfera associado ao desmatamento descontrolado, à poluição e ao excesso de lixo produzido pela sociedade tecnológica, irá, em algumas centenas de anos, transformar a Terra num planeta inabitável para o homem.

Em 1992 realizou-se no Rio de Janeiro a Conferência das Nações Unidas para o Meio Ambiente e Desenvolvimento (CNUMAD), também conhecida como Eco 92, Rio 92, ou ainda Cimeira da Terra. Na ocasião, foi elaborada a Convenção--Quadro das Nações Unidas Sobre Mudança do Clima, na qual aceitou-se que as atividades humanas estão aumentando substancialmente a quantidade de gases responsáveis pelo efeito estufa e que isso levará a um aquecimento global capaz de extinguir inúmeras espécies e, portanto, de pôr em risco a existência humana. Em decorrência dessa constatação, verificou-se a importância de um esforço multinacional para reduzir as taxas de emissão de gases do efeito estufa, o que gerou a Agenda 21, um documento que aponta para um novo modelo de desenvolvimento.

Cinco anos depois, em Quioto, no Japão, mais de 170 países, entre os quais o Brasil, firmaram o Protocolo de Quioto, documento em que se estipularam metas diferenciadas para a redução das ações humanas que estão levando ao aquecimento global e à perda da biodiversidade: redução da emissão de gases do efeito estufa; melhora da qualidade do ar e da água; novos combustíveis para o transporte; aumento do turismo ecológico; e reutilização do lixo. Entretanto, os Estados Unidos, o segundo maior produtor de gases que contribuem para o efeito estufa, não assinaram o documento, por considerar que as medidas a serem tomadas poderiam comprometer a sua economia.

Desde então, reuniões internacionais têm sido realizadas, e estão sendo feitas avaliações das medidas adotadas para reduzir a emissão de gases com base na Agenda 21 e caminhar na direção de um desenvolvimento sustentável. Os resultados, contudo, têm sido decepcionantes: diversas nações que haviam assumido o compromisso de atingir uma redução de 8% na emissão de gases até 2010 só conseguiram reduzir 1%.

Esses resultados, assim como os estudos realizados pelo IPCC, mostram que não é suficiente assinar compromissos, já que eles não são garantia de que as medidas sejam efetivamente tomadas. O mais grave é que, enquanto se realizam essas discussões sobre o caminho político a ser seguido e o modelo de desenvolvimento a ser adotado, quem paga o preço é sobretudo a biodiversidade, mas não só. A diversidade cultural, patrimônio importante da humanidade, encontra-se igualmente ameaçada, uma vez que a pequena parcela que detém a riqueza a cada dia concentra mais riqueza, e não demonstra nenhum interesse em contribuir para que as mudanças no modelo econômico de fato se deem.

Vários historiadores, filósofos, biólogos, ambientalistas e cientistas em geral veem na velocidade desenfreada das transformações sociais a causa da perda de referências e valores do passado, levando a um quadro em que impera o imediatismo do presente e no qual não há compromisso com o futuro, pois é como se não fosse possível pensar o futuro. O indivíduo, diante dessa situação paradoxal de eterna efemeridade, ou sente-se incapaz de agir, ou atribui sobre si mesmo uma responsabilidade maior do que a que pode ter.

O historiador brasileiro Nicolau Sevcenko, em seu livro *A corrida para o século XXI*, caracteriza o momento atual como o "*loop* da montanha-russa", ou seja, como um momento em que a sociedade vive a emoção e a tontura de uma pirueta. O historiador inglês Eric Hobsbawm ressalta a destruição do passado: "Quase todos os jovens hoje crescem numa espécie de presente contínuo sem qualquer relação orgânica com o passado público da época em que vivem".

O sociólogo americano Richard Sennet fala do desaparecimento de virtudes estáveis, como a lealdade, a confiança e a ajuda mútua, levando à "corrosão do caráter", enquanto o historiador inglês Fernández-Armesto vê o mundo da virada do século XX com um semblante pesado e cinzento:

> O progresso científico tem sido, na melhor das hipóteses, decepcionante — estorvando-nos com problemas sociais e morais aparentemente insolúveis; ou, na pior das hipóteses, alarmante — ameaçando-nos com o domínio das máquinas "artificialmente inteligentes" ou mutantes humanos criados pela engenharia genética... O crescimento econômico tem se transformado no bicho-papão dos ecologicamente angustiados.

A aflição e a angústia diante de um quadro que poderá se tornar irreversível, e no qual o ambiente irá evoluir para um cenário sem condições para a sobrevivência do *Homo sapiens*, remetem aos problemas causados pelo uso extensivo de tecnologias pouco testadas e pouco compreendidas e que só podem ser produzidas se houver crescimento no consumo, e que, portanto, são disponibilizadas rapidamente, criando a ilusão do conforto.

Neste momento, é preciso refletir sobre a relação que a sociedade tecnológica tem com o ambiente. De forma insistente, enfatiza-se a consciência de que é preciso mudar a relação com a natureza, saber dialogar com ela e respeitá-la.

Um contrato tecnológico, ou seja, um contrato entre o homem e sua produção — a tecnologia — é o que parece estar se anunciando. A moderna tecnologia oferece comodidades, criando o sentimento de que é possível atingir um grau jamais imaginado de conforto individual e saúde. Entretanto, essas tecnologias, desenvolvidas a partir do conhecimento gerado em laboratórios e da aplicação de um método na solução de problemas técnicos, têm, naturalmente, o seu preço. Numa perspectiva de curto prazo esse preço é determinado pelo mercado e pelo custo de produção. Quanto maior o mercado, menor será o preço com que o produto chega ao consumidor. Assim, a abertura de novos mercados é garantia para o desenvolvimento de novas tecnologias que serão lançadas para a sociedade, o que acaba gerando uma espiral consumista sem fim. Ou será que tem?

Tem-se entendido a natureza como um laboratório de experiências de 4 bilhões de anos. Essa visão utilitarista aponta a necessidade de se preservar o que existe, a fim de que um dia seja possível explorar a fortuna escondida nas florestas, no fundo dos oceanos, nos mais inóspitos lugares do planeta. Olha-se com preocupação para as alterações climáticas que têm como causa, entre outras, o uso indiscriminado de poluentes. O medo é o de perder a galinha dos ovos de ouro — a diversidade — antes de se explorar com mais eficiência os recursos da natureza.

Ou se modifica a relação atual entre o homem e a natureza, relação que cria as ilusões de conforto, segurança e bem-estar produzidos por meio do consumo desenfreado, ou pode-se estar decretando o fim do *Homo sapiens*. Aí está posto o desafio: como mudar o que está estabelecido?

Mas sempre há uma esperança, sem a qual não teria sentido continuar. As previsões futurológicas que aparecem na imprensa só estendem o problema, pois anunciam a continuidade de um modelo que não acena para um futuro melhor. Mas essas são previsões num contexto estreito, de curta duração. A questão está em encarar não um futuro de poucas décadas, mas sim o de uma extensão temporal bem mais larga, o que implicará abandonar a visão do indivíduo que pretende conseguir maiores proveitos e começar a pensar nas gerações futuras, cuja responsabilidade de uma existência digna recai sobre ações presentes.

Diante de uma situação que requer cuidados, e para a qual não há ainda uma solução a contento, tem papel fundamental o conhecimento gerado pela ciência que permite estudar outras formas de relação com o outro e que poderá indicar mudanças de conduta individual de um modo que envolva todos os cidadãos. É uma questão ética, e não técnica, o que implicará mudanças de hábito e adaptação a um novo cenário. Novos artefatos vão continuar a surgir, mas devem estar sujeitos a uma avaliação das implicações decorrentes de sua adotação. Os avanços que estão por vir estarão, seguramente, no campo do conhecimento e da técnica, mas submetidos à questão ética mais profunda, de saber para onde o homem tecnológico quer seguir: se no caminho do deslumbramento, que alimenta os índices de progresso, mas não contribui para a solução das crises, ou se na estrada de maior duração e que ampliará o horizonte de existência da espécie, mesmo que isso implique abrir mão de certo conforto supérfluo. Essa posição acarreta a necessidade de aumentar as pesquisas científicas para se ter maior controle das transformações. Acarreta ainda a exigência de se ter um diálogo com a natureza, e não se olhar o mundo natural como um celeiro de produtos que podem ser consumidos sem a mínima preocupação com o ambiente. Ou seja, leva a uma nova lógica da economia mundial, em que o lucro não é o objetivo final.

agradecimentos

Enfrentar o papel em branco e a tela do computador e começar a escrever são ações que ocorrem somente depois de ler muito e de ouvir muitas opiniões — e aí entram os amigos, que têm a virtude de nos ouvir. Os amigos e, naturalmente, a família, que não tem como escapar das dúvidas e dos argumentos ainda mal construídos. É chegada a hora de agradecer a todos, pois cada um tem parte da autoria do texto, embora não tenham responsabilidade pelo que foi escrito. Esta é só minha.

Não poderia deixar de nomear algumas pessoas com as quais tenho o prazer de conviver: Nísia Trindade, pelo convite e sugestões; Ricardo Galvão, diretor do Centro Brasileiro de Pesquisas Físicas (CBPF), que permite um ambiente de ampla discussão e reflexão típicas de um instituto científico; meus amigos da Biofísica, Eliane Wajnberg, Darci Motta, Daniel Avalos e Geraldo Cernicchiaro — na hora do café, divergimos para nos divertirmos, e no laboratório mantemos acesas as discussões sobre a variedade de comportamentos dos seres vivos —; Gil de Souza, que se diz secretária quando é muito mais; Márcia Reis, leitora atenta e cuidadosa, crítica construtiva de tudo que lhe passa pela frente; Dayse Lima, com seu rigor e suas sugestões.

Passo agora às pessoas mais próximas: Daniel, filho, amigo, consultor, que me ensina diariamente a arte de viver; Monica, filha, bióloga, que, embora distante, está sempre próxima e muito me ensina com suas escolhas; Guillermo Leon, meu genro, que tem a visão mais gerencial do mundo e traz a tradição peruana para dentro de casa; Flavia, filha, geógrafa, que, com seu conhecimento e sua capacidade de expressão, sabe orientar; Rodrigo Guardatti, outro genro, cuidadoso em suas afirmações e abrangente em suas opiniões — um casal de conhecedores deste mundo vivo e de defensores da natureza sem radicalismo, coisa rara entre ambientalistas —; Myriam, com quem convivo há quarenta anos: além de suas sugestões e comentários sempre úteis, proporciona o apoio afetivo que faz a vida valer a pena; e, finalmente, Moana, agora com um ano e meio, primeira neta, que deu um novo horizonte à vida — parece-se com quem? Com ela mesma, e já disse para que veio.

Rio de Janeiro, maio de 2011.

referências bibliográficas

ANDRADE, Carlos Drummond de. *Fala, amendoeira*. Rio de Janeiro: José Olympio, 1970.

BUICAN, Denis. *Histoire de la biologie*. Paris: Nathan Université, 1994.

CAMINHA, Pero Vaz de. *Carta de Pero Vaz de Caminha a El-Rei D. Manuel sobre o achamento do Brasil*. São Paulo: Martin Claret, 2000.

COLOMBO, Cristóvão. *Diários da descoberta da América*: as quatro viagens e o testamento. Porto Alegre: L&PM, 1984.

CORTEZ, Herman. *A conquista do México*. Porto Alegre: L&PM, 1996.

DARWIN, Charles. *Autobiografia (1809-1882)*. Rio de Janeiro: Contraponto, 2000.

_____. *O Beagle na América Latina*. Rio de Janeiro: Paz e Terra, 1996. (Col. Leitura.)

DE LÉRY, Jean. *História de uma viagem à Terra do Brasil*. Rio de Janeiro: Companhia Editora Nacional, 1926.

DE VACA, Cabeza. *Naufrágios e comentários*. Porto Alegre: L&PM, 1987.

FERNÁNDEZ-ARMESTO, Felipe. *Milênio*. Rio de Janeiro: Record, 1999.

GRANGER, Gilles-Gaston. *A ciência e as ciências*. São Paulo: Edunesp.

HOBSBAWM, Eric. *Era dos extremos*: o breve século XX. São Paulo: Companhia das Letras, 1995.

KURY, Lorelay (org.). *Comissão Científica do Império — 1859-1861*. Rio de Janeiro: Andrea Jakobsson Estúdio, 2008.

LA NATURE. Disponível em: <http://cnum.cnam.fr/CGI/redir.cgi?4KY28>.

MARGULIS, Lynn; SAGAN, Dorion. *O que é vida?*. Rio de Janeiro: Jorge Zahar, 2002.

MINISTÉRIO DO MEIO AMBIENTE. *Livro vermelho das espécies da fauna brasileira ameaçadas de extinção*. 2 vols. Disponível em: <www.mma.gov.br/sitio/index.php?ido=conteudo.monta&idEstrutura=179&idConteudo=8122&idMenu=8631>.

PÁDUA, José Augusto. *Um sopro de destruição*: pensamento político e crítica ambiental no Brasil escravista (1786-1888). Rio de Janeiro: Jorge Zahar, 2004.

PIGAFETTA, Antonio. *A primeira viagem ao redor do mundo*: diário da expedição de Fernão de Magalhães. Porto Alegre: L&PM, 1985.

SENNET, Richard. *A corrosão do caráter*: consequências pessoais do trabalho no novo capitalismo. Rio de Janeiro: Record, 1999.

SERRES, Michel. *O contrato natural*. Rio de Janeiro: Nova Fronteira, 1990.

STADEN, Hans. *Primeiros registros escritos e ilustrados sobre o Brasil e seus habitantes*. São Paulo: Terceiro Nome, 1999.

THEVET, André. *A cosmografia universal*. Rio de Janeiro: Fundação Darcy Ribeiro, 2009.

TODOROV, Tzvetan. *A conquista da América*. São Paulo: Martins Fontes, 1993.

TODOROV, Tzvetan. *Nós e os outros*. Rio de Janeiro: Jorge Zahar, 1993.

VON BINZER, Ina. *Alegrias e tristezas de uma educadora alemã no Brasil*. São Paulo: Anhembi, 1956.

WALLACE, Alfred Russel. *Viagens pelos rios Amazonas e Negro*. Belo Horizonte: Itatiaia; São Paulo: Edusp, 1979.

WILSON, Edward O. *Diversidade da vida*. São Paulo: Companhia das Letras, 1994.

sugestões de atividades

Olhe o mundo. Parece simples, mas não é. Quando chegou a Belém, em 1848, Wallace esperava ver novidades e, num primeiro momento, decepcionou-se ("não consegui enxergar sequer um único beija-flor"). É que ele ainda não sabia olhar o mundo.

Olhe o mundo com curiosidade. Observe as árvores, as plantas, as formigas que passeiam, as abelhas carregadas de pólen, os passarinhos em busca de alimentos... Veja como são inumeráveis as espécies, e que muitas delas são tão semelhantes que fica difícil distingui-las.

Anote suas observações num caderno, indicando sempre o local, a data e a hora em que foram feitas.

Fotografe a natureza a seu redor, usando um celular ou uma câmera digital, e faça um álbum com suas fotografias. Aos poucos você irá perceber diferenças e nuances que exemplificam a enorme diversidade e que não estamos habituados a enxergar.

Cultive a biodiversidade microscópica. Se você tem acesso a um microscópio, poderá observar o "surgimento" da vida. Em um copo com água mineral sem gás, deposite algumas folhas de plantas cultivadas sem agrotóxicos, folhas de alface, por exemplo. E espere. Depois de uma semana ou pouco mais você poderá observar, numa lâmina de microscópio, que alguns organismos começam a aparecer. São bactérias, pequenos protozoários, algas etc. que encontraram na água condições de crescer e de se reproduzir. Não se trata de geração espontânea: foi a mudança de habitat que permitiu que esses organismos se desenvolvessem. Depois de fazer essa experiência, lave bem as mãos.

Observe as transformações por que passa a natureza no decorrer do ano — épocas de floração, períodos em que certos insetos parecem invadir a área... — ou mesmo no decorrer de um único dia — mudanças de hábitos por causa do ciclo claro- -escuro, por exemplo.

Visite museus e exposições de arte e de história natural, e procure fazer uma leitura pessoal das diversas interpretações que o homem fez do mundo a seu redor ao longo do tempo.

São várias as produções para televisão e os textos disponíveis sobre nosso planeta, sobre as diversas manifestações da vida etc. O importante é "ler" essa profusão de materiais sempre com olhar crítico.

Na internet, por exemplo, você pode encontrar vídeos interessantes, como *A árvore da vida*, programa produzido pelo canal inglês BBC sobre Darwin e a teoria da evolução, apresentado por David Attenborough; ou uma entrevista com o biólogo Edward O. Wilson (em inglês).

Seguem mais algumas sugestões de vídeos:

A vida na gota d'água
Direção: Henrique Lins de Barros
MAST/CBPF
Documentário, cor, 14 min.
Disponível em: <http://itv.cbpf.br/itv/index.asp>.

Origem da vida
Direção: Henrique Lins de Barros
MAST/CBPF
Documentário, cor, 15 min.
Disponível em: <http://itv.cbpf.br/itv/index.asp>.

Planeta Terra: o mundo como você nunca viu.
BBC/Distribuição: Log On
Documentário, cor, 495 min. (4 DVDs).

Home, nosso planeta, nossa casa.
Direção: Yann Arthus-Bertrand
Distribuição: Europa Filmes.
Documentário, cor, 93 min.

sugestões de leitura

CADERNOS DE EDUCAÇÃO AMBIENTAL. Biodiversidade. Disponível em: <www.ambiente.sp.gov.br/cadernos.php>.

CORBY, Alfred W. *Imperialismo ecológico.* São Paulo: Companhia das Letras, 1993.

DIAMOND, Jared. *Colapso.* Rio de Janeiro: Record, 2007.

GOULD, Spephen Jay. *Dedo mindinho e seus vizinhos.* São Paulo: Companhia das Letras, 1993.

_____. *Vida maravilhosa.* São Paulo: Companhia das Letras, 1990.

_____ (org.). *Le livre de la vie.* Paris: Seuil, 1993.

Ministério do Meio Ambiente. *Plantas medicinais ameaçadas de extinção.* Disponível em: <www.mma.gov.br/sitio/index.php?ido=conteudo.monta&idEstrutura=179&idConteudo=8122&idMenu=8631>.

PRESS, Frank; SIEVER, Raymond; GROTZINGER, John; JORDAN, Thomas H. *Para entender a Terra.* Porto Alegre: Bookman, 2007.

REINACH, Fernando. *A longa marcha dos grilos canibais*: e outras crônicas sobre a vida no planeta Terra. São Paulo: Companhia das Letras, 2010.

THOMAS, Keith. *O homem e o mundo natural*. São Paulo: Companhia das Letras, 1983.

FUNDAÇÃO OSWALDO CRUZ

PRESIDENTE
Paulo Gadelha

VICE-PRESIDENTE DE ENSINO, INFORMAÇÃO E COMUNICAÇÃO
Nísia Trindade Lima

EDITORA FIOCRUZ

DIRETORA
Nísia Trindade Lima

EDITOR EXECUTIVO
João Carlos Canossa Mendes

EDITORES CIENTÍFICOS
Gilberto Hochman e Ricardo Ventura Santos

CONSELHO EDITORIAL
Ana Lúcia Teles Rabello
Armando de Oliveira Schubach
Carlos E. A. Coimbra Jr.
Gerson Oliveira Penna
Joseli Lannes Vieira
Lígia Vieira da Silva
Maria Cecília de Souza Minayo

ESTA OBRA FOI COMPOSTA POR OSMANE GARCIA FILHO EM WALBAUM
E IMPRESSA PELA GRÁFICA BARTIRA EM OFSETE SOBRE
PAPEL PÓLEN BOLD DA SUZANO PAPEL E CELULOSE PARA
A EDITORA CLARO ENIGMA EM NOVEMBRO DE 2011